形式化方法在构件组装
实时系统中的应用研究

◎席 琳 马传连 著

Study on the Application of
Formal Method in
Component-based Real-time System

by Xi Lin & Ma Chuanlian

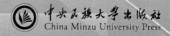

中央民族大学出版社
China Minzu University Press

图书在版编目(CIP)数据

形式化方法在构件组装实时系统中的应用研究/席琳,
马传连著.—北京:中央民族大学出版社,2019.12重印
　　ISBN 978-7-5660-1668-3

　　Ⅰ.①形…　Ⅱ.①席…　②马…　Ⅲ.①形式语言—应用—
实时操作系统—研究　Ⅳ.①TP316.2

　　中国版本图书馆 CIP 数据核字(2019)第 087909 号

形式化方法在构件组装实时系统中的应用研究

作　　者　席　琳　马传连

责任编辑　满福玺

责任校对　肖俊俊

封面设计　布拉格

出 版 者　中央民族大学出版社
　　　　　北京市海淀区中关村南大街 27 号　邮编:100081
　　　　　电话:(010)68472815(发行部)　传真:(010)68932751(发行部)
　　　　　　　　(010)68932218(总编室)　　　　(010)68932447(办公室)

发 行 者　全国各地新华书店

印 刷 厂　北京建宏印刷有限公司

开　　本　787×1092　　　1/16　　印张:8.5

字　　数　126 千字

版　　次　2019 年 7 月第 1 版　2019 年 12 月第 2 次印刷

书　　号　ISBN 978-7-5660-1668-3

定　　价　50.00 元

目　　录

第1章 绪 论

1.1 研究背景和意义

随着软件系统复杂性的增加、规模的扩大，以及软件开发机构对开发成本、开发周期要求的提高，继面向对象开发方法之后，基于构件的软件开发（Component-Based Software Development，简称CBSD）方法[1,2]，即将外部开发的构件集成到具体应用环境中来构建面向特定应用的软件系统，已经成为当前软件领域的主流技术和研究热点。这种CBSD的思想将制造业中的组装生产模式引入软件开发中，为软件装配定制提供了理论和技术基础。CBSD不仅仅能避免大量的重复劳动，减少财力浪费，提高生产效率，还能促进分工合作，显著提高软件产品的质量。因此，构件技术在软件开发过程中得到了越来越广泛的应用，并逐渐渗透到诸如航空航天、军事过程控制等领域的实时系统开发中。

实时系统（real-time systems）是指能对来自所控制的外部环境（物理过程）的交互作用做出及时响应以达到预定目的的计算机系统，是一种定量的反应式系统[3]。如过程控制、指挥通信、铁路调度、敏捷制造、核反应堆等很多计算机控制系统都属于实时系统。这类系统的任何一个错误都会带来不可预料的经济损失、环境破坏，甚至威胁到生命安全。2003年8月14日，在美国电力检测与控制管理系统中，由于分布计算机系统试图同时访问同一资源引起软件失效，造成美国东北部大面积停电，损失超过60亿美元；2009年9月14日，由于空管软件中的时钟管理缺陷，美国洛杉矶机场400余架飞机与机场指挥系统一度失去联系，给几万名旅客的生命安全造成威胁。

实时系统是一类设计、实现和验证工作都相当复杂的系统,其构件化远比普通软件复杂,因为实时任务具有时间和同步的约束,系统行为与时间紧密相关。所以,如何构造可信的构件组装实时系统成为一个亟待解决的问题。

基于构件的软件复用以其高效率和高可靠性而成为解决软件危机的必然选择,并成为软件工程在理论和实践领域的新热点[4,5]。在软件开发的实践中,近年来涌现出了许多软件构件类型。比如面向对象的类库(C++、Java、Eiffel)、对象组件模型 COM 与分布式对象组件模型 DCOM[6]、SUN 的服务器端组件模型 EJB[7] 及微软的 . NET。这些构件技术的快速发展主要应归功于各种质量保证技术,尤其是商业构件的验证技术。近年来关于如何将形式化方法应用于构件的可信保证方面的研究已经取得很大进展[8-16]。这样我们就可以对规模适当、复杂度可控的软件构件进行充分性证明。构件开发作为形式化方法的理想应用领域,CBSD 与形式化开发方法的融合相得益彰,对于突破现代软件开发的瓶颈[17]和构造可信实时系统具有重要的理论价值和实际意义。

本书以使用 CBSD 开发方式开发软件系统为背景,以形式化方法的相关理论和工具为支撑,针对实时系统构件的特点,研究了实时系统构件建模问题和构件组装行为相容性问题;针对面向性质的测试比非面向性质的测试进行得更深入的特点,讨论了实时系统面向性质的测试用例生成问题;通过分析构件系统的体系结构层次性特征,结合对可信构件的质量模型和度量指标的考虑,研究了构件选择问题和构件组装系统的可靠性评估问题。

1.2 研究问题

电子设备已经有一整套度量电子部件的质量指标[18]和质量检验、评估方法,但关于软件构件,哪些指标可以用来度量软件、哪些方法可以用来保证软件质量还未达成共识,因此,软件开发者很难将可信性"打造"进软件构件。但构件作为一种可重用元素,是软件开发的基石,用户对其质量必然有一种强烈的期望，所以必须提供一系列令人信服的质量参数。

由于多数构件的源代码不透明，不可能通过程序证明的方法，这从本质上约束了构件的质量保证水平。在这种情况下，构件验证就成为研究的焦点，它的目标就是为构件提供经过充分正确性证明的构件属性。那么，如何利用可验证的构件属性，在已有可信构件质量模型基础上尽可能给出构件属性质量的综合评估方法，以指导对构件库中的构件进行选择是值得研究的问题。

构建安全可信的实时系统，这一目标的实现必须是从底至上的，必须从粒度较小的原子构件开始，在获得可信原子构件这一基石之后，再进一步向上研究基于可信基石的复合构件的可信性，逐步复合、逐步向上，最终得到目标可信的软件系统。这就要通过充分的有针对性的测试用例指导构件生产，保证构件满足关键的属性目标。因此，如何自动生成高效的测试用例是值得我们研究的问题。另外，在实时系统领域中，随着系统中软件规模和复杂度的迅速增加，整个系统的质量和可靠性极大地依赖于其软件系统的实时行为。如何描述构件的动态行为并有效组装已成为实时计算领域中的主要挑战之一，这个问题同样值得我们研究。

1.3　研究内容

形式化验证、充分的测试和有效的度量是主要的软件可信保证技术。本书将形式化方法和相应的模型检测工具、方法，以及可信质量模型相关理论应用于 CBSD 的构件建模、组装行为相容性验证、测试用例产生及构件选择，旨在构造一个可信的构件组装实时系统。本书的研究工作主要集中在如下几个方面：

（1）提出一种实时构件的模型。针对实时构件系统的快速发展及形式化描述和验证的需求，对主流构件模型及各种实时行为形式化描述方法进行了分析，在对现有实时行为形式化描述方法进行扩展的基础上，提出了描述实时构件的模型 RCM，并给出 RCM 积的构造方法。通过引入动作的定义对构件的交互行为建模，用时钟约束表示构件交互行为的时间约束信息，构件模型 RCM 可以利用时钟约束和复位的时钟集合限制实时构件交互行为；通过构件组合信息，RCM 可以体现体系结构的层次关系。该模型既提供对实时构件所特有的时间约束特征的语义描述机制，又提供对构件交互行为的形式化描述和体系结构信息描述。

（2）提出一种对实时系统构件行为相容性分析验证的方法，并结合一个实例展示了这种方法的具体使用。采用形式化方法对实时构件的交互行为进行描述分析，对提高系统可靠性有重要意义。针对构件技术快速发展的需要，分析构件行为相容性问题，利用提出的实时构件模型为系统建模，并把构件行为相容性检验转化为可被模型检测分析的可达性问题，最后用 UPPAAL[19] 的验证功能给出结果。相容性验证提供了形式化手段对构件行为进行分析，以便尽早发现设计错误，提高系统质量和可靠性，为形式化方法生成测试用例和构件选择提供前提保证。

（3）提出三个针对实时系统的测试用例覆盖标准，自动生成长度优化的测试用例，并结合实例展示了这种方法的具体使用。针对实时系统的快速发展和对高效测试用例的需要，对主流测试用例生成方法及基于模型的实时系统测试用例生成方法进行了分析。根据实时系统的特点，在满足组装行为相容性的前提下，针对实时系统的安全属性、时间属性及组装行为相容性这三个重要的可信属性定义了三个新的测试覆盖标准，将这三个覆盖标准转化为模型检测工具 UPPAAL 中对性质进行描述的断言形式，然后利用 UPPAAL 工具的生成最短诊断路径的功能自动生成长度优化的测试用例。面向性质测试比非面向性质测试进行得更深入，因此，本方法产生的测试用例比传统的测试用例更高效、覆盖率更高，它不是针对一组输入，而是面向某类性质来检测系统是否合乎规约。

（4）提出一种利用软件体系结构信息和可信等级化度量来选择构件并估计系统可靠性的方法，另外，结合一个实例展示了这种方法的具体使用。针对构造可信实时系统的需要，对构件选择的相关方法和模型等问题进行了分析。根据构件软件及基于构件软件开发的层次性特征，用层次自动机[20,21] 对构件及整个软件系统进行形式化描述，用构件关系矩阵描述构件模块之间交互的频度，计算构件模块重度因子，根据重要程度不同选择不同可信特性的构件组装系统，并以此为基础对构件组装软件进行可靠性分析。构件组装相容性验证方法从行为层面指导构件选择，该方法更进一步，从属性量的指标层面来指导构件选择。

对实时构件的模型和实时系统构件行为相容性的研究主要涉及系统的实时性和可用性，关于测试用例生成和构件选择及可靠性评估的研究则涉及系统的安全性、正确性和可靠性。这些属性都属于可信属性的范畴，对组装可信实时系统具有非常重要的意义。

1.4　本书篇章结构

第 1 章为绪论，阐述本书的研究背景与研究问题，引出本书研究内容。

第 2 章综述基于构件软件开发（CBSD）的发展历程、相关技术、相关概念和形式化方法相关技术、理论和方法，为后续研究和讨论提供理论基础。

第 3 章对主流构件模型及各种实时行为形式化描述方法进行分析，对比构件相容性相关研究工作，针对实时系统构件相容性的特点，设计实时构件的形式化模型，在此基础上提出一种对实时系统构件行为相容性分析验证的方法，并给出实例分析。

第 4 章介绍目前常用的测试用例生成方法，阐述了模型检测方法在软件测试领域应用的优势及研究现状和水平。提出三个针对实时系统的测试用例覆盖标准，自动生成长度优化的测试用例，并结合实例展示了这种方法的具体使用。

第 5 章针对构造可信实时系统的需要和目前对构件选择缺乏定量化质量标准的现状，提出一种利用软件体系结构信息和可信等级化度量来选择构件并估计系统可靠性的方法，最后结合一个实例说明这种方法的具体使用。

第 6 章介绍了本书未涉及的其他研究思路。

本书的体系结构见图 1-1。

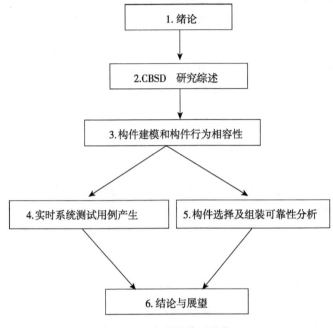

图1-1 本书的体系结构

1.5 本章小结

本章首先介绍形式化方法应用于构件组装实时系统的研究背景和意义，接下来分析并提出研究问题；其次概述本书的主要研究内容；最后给出全书组织结构。

第 2 章 CBSD 研究综述

2.1 基于构件的软件开发方法

2.1.1 概 述

软件复用技术是在软件开发中避免重复劳动的解决方案。通过在软件开发过程中充分利用各阶段已有的开发成果，可以减少包括分析、设计、编码和测试等在内的各阶段的工作量，避免资源浪费、提高生产效率，一般来说，30%~50%的复用可提高25%~40%的生产率。同时，通过复用高质量的已有软件能有效避免二次开发引入的错误，极大提高软件的质量。

近年来，面向对象技术出现并快速发展成为主流，面向对象方法具有的封装性、继承性等特点为软件复用提供了有力的技术支持。基于构件的复用是产品复用的主要形式，可复用构件是指具有可复用价值的构件，它可以是软件开发过程中不同阶段（如分析、设计、编码、测试等）所生成的不同形态（如类、框架、构架、模式等）、不同表示（如图形、伪码、语言等）的软件产品。作为继面向对象方法之后又一新的技术热潮，基于构件的软件复用因其开发效率高、产品质量好而成为近几年软件工程界的研究热点之一。一般来说，基于构件的复用主要包括3个相关的过程：建造具有较强通用型和可变性的构件；对构件库中的构件进行分类和管理（图2-1是一个软件构件库业务流程图）；将构件组装成应用系统。

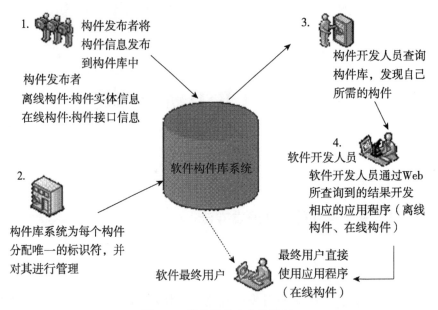

图2-1 软件构件库业务流程

基于构件的软件开发（CBSD）方法综合软件复用思想和面向对象方法，通过规约使运行级构件标准化，利用中间件技术，自底向上构造系统。从图2-2传统软件开发过程和基于构件软件开发过程的对比可以看出，在基于构件的软件开发中，系统开发的重点从程序设计变成构件组装。

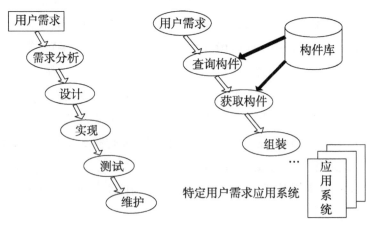

图2-2 软件开发过程对比

2.1.2　CBSD 的发展过程

1843 年，Ada（Augusta Ada Lovelace）撰写了世界上第一个"软件"。20 世纪 60 年代中期到 70 年代中期，软件开始作为一种产品被广泛使用。20 世纪 60 年代末，NATO 会议上第一次提出"软件危机"（Software Crisis）问题，它包含两方面：第一，软件需求不断增长，日趋复杂，如何开发？第二，软件产品数量不断膨胀，如何维护？当时，D. Mcilroy 首次提出基于构件组装软件系统[22]，这便是 CBSD 思想的雏形，但从 1968 年到 20 世纪 90 年代，这一思想都没有得到学术界和工业界的关注。

20 世纪 70 年代，传统软件工程沿着两个方向高速发展。一是面向过程的开发方法（Procedure-Oriented，PO）的研究，荷兰学者 E. W. Dijkstra 提出的结构化分析和设计方法（Structured Analysis and Design，SASD）被认为是软件开发的最早理论。二是从管理的角度研究软件开发过程的工程化。"瀑布式"生命周期模型、快速原型法、螺旋模型等是这方面最为著名的成果。

传统的软件工程关注物性的规律，而现代软件工程则更重视人和物的关系。经过十多年的探索，软件开发的第二大技术理论体系——面向对象的分析、设计方法（OOA 和 OOD）出现了，它引起了传统开发方法的巨大变革，面向对象建模语言（以 UML 统一建模语言为代表）、软件复用等新的方法和领域都是紧随其后出现的。

作为现代软件工程学的重要成果，第三大技术理论体系——CBSD 方法可谓是大器晚成。现代概念中对软件构件的理解很大程度上是受 1986 年 Brad Cox[23] Software ICS 的定义影响的，当时 Brad Cox 甚至提出构件市场的概念和使用架构来构建软件系统的理念。

CBSD 的出现颠覆了传统的软件开发思想，引起了开发过程的革命性变化。绝大多数情况，软件技术人员不用重复写代码这种低效的工作，而是直接将经过鉴定和特化的构件组装成应用系统。CBSD 不仅能有效缩减人力和财力支出，提高生产效率，缩短开发周期，还能显著提高软件系统的质量。

IBM 的系统对象模型（System Object Model，SOM）及其扩展——分布式系统对象模型（Distributed System Object Model，DSOM）是一种面向对象的技术，它们为软件构件技术的实现提供了技术支撑，随后微软公司提出的具有语言独立性的 COM 标准[6]、SUN 公司的独立于平台和语言的 JavaBean[7] 标准及 OMG 组织提出的语言中性的软件构件技术标准 CORBA[24]，促进了构件实现技术的标准化。

2.2 构 件

2.2.1 构件的概念

目前，存在多种类似的构件定义。例如，软件构件按照 C. Szypersky 的定义为"仅具有契约（Contract）相关的接口和表明上下文依赖关系的软件单元，一个软件构件能被独立地部署并由第三方组装"[25]。同样 Souza 定义构件为"一个构件是能够独立开发并发布的软件单元，构件具有和其他构件连接的，并保持不变的接口定义，通过接口连接方式组合成系统"[26]。杨芙清院士指出："构件是软件的构成元素、具有一定的功能和结构、并符合一定的标准、可以完成一个或多个特定的任务。构件隐藏了具体的实现，通过接口对外提供服务。一般而言，构件是软件系统中具有相对独立功能，可以明确辨识，接口由契约指定，和语境有明显依赖关系，可独立部署，可组装的软件实体，也可以是被封装的对象类、软件架构、文档、测试用例等。"[27]

以上定义各有侧重，但都具有以下的共同特征：

（1）构件依赖关系明确。

（2）构件独立可配置。

（3）构件通过接口提供功能，接口符合一套标准。

（4）构件能够被组合。构件必须有明确的规约使其能被组合。构件必须指定运行环境。例如，和其他构件的依赖关系、完整的所需服务列表等。组合是构件技术最重要的特征。

图 2-3 为一个通用构件定义[28]，包括以下部分：

（1）提供接口和需求接口分别代表向其他构件提供的接口或者从其他构件得到的所需接口。

（2）同步和异步代表接口之间的通信方式。

（3）可配置的设置表示配置构件属性的设置参数。

（4）构件实现代表接口功能的实现。

（5）平台需求表示构件对运行平台的技术需求，包括平台内部需求，构件实现需求和构件运行环境所需的技术需求。

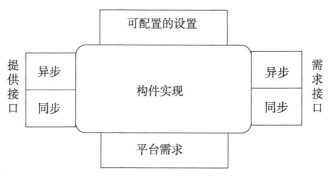

图 2-3　一种通用构件定义

2.2.2　实时构件的基本特征

实时系统是指能对来自所控制的外部环境的交互作用做出及时响应以达到预定目的的计算机系统，是一种定量的反应式系统。实时构件具有以下基本特征：实时性、安全性、可靠性、可用性、集成性、封装性、自描述性。

1. 实时性

实时（real-time）性是指运行时构件与环境之间的交互存在时间约束[29]，它们必须在严格的时间限制下做出响应。实时一般采用的定义是：在实时计算中，正确性不仅依赖于并发成分如何相互作用而且依赖于交互动作的发生时间。

实时系统分为硬实时系统和软实时系统，但其定义尚未达成共识。一般来讲，硬实时是指时间约束不满足时将会导致灾难性的后果；而软实时只会造成系统性能下降而不会带来严重的后果。

2. 安全性[30]

安全性（Safety）是指不会对用户或者环境带来灾难性后果，不安全的、危害系统的情况不会发生。

3. 可靠性[31,32]

构件的可靠性（Reliability）是在给定的时间内，特定环境下构件无错运行的概率[7]。构件可靠性已被公认为系统可依赖性的关键因素，因为它可以定量地衡量软件的失效性——可导致软件失去作用甚至有害于整个系统，软件失效是人们最不希望看到的情况。

4. 可用性[30]

可用性（Availability）是指构件具有满足一定需求的内在价值。构件总是与客户的功能与非功能需求联系在一起的，可用性关注构件在某一时刻所能提供有效功能的程度。提高可用性的技术途径有软件系统的可靠性和可维护性理论与方法、故障诊断与测试技术、系统恢复技术等。

5. 集成性

系统的集成性，不仅是多种功能的集成，还包括事务处理的整体性、统一性及人工操作和电子信息处理的一体化。这样不仅能规范工作流程，提高效率，还能提高系统的严密性。

6. 封装性

封装是对构件实现和构件代码的隐藏。第三方不必了解构件的具体情况，只需通过构件的接口就能获得相应的功能。这样，一旦构件的内部实现调整，将不会影响用户的使用。

7. 自描述性

自描述性是指构件必须能够显示地描述其自身属性、功能语义和接口等信息，以便第三方能够准确地理解构件、正确地使用构件。自描述性是构件松散耦合、位置透明的前提，它为构件组装提供了技术保障。

接口的描述告知用户构件所提供的所有接口名及各接口所能完成的服务；对实现的描述告知用户构件是如何构造的，如数据存储使用的是 XML 文件还是关系型数据库；对部署的描述则告知用户构件的运行环境。

上述几个特征阐述了本书对于实时构件概念的理解。实时构件的核心是实时性、安全性。

2.2.3　主流构件技术和模型

当前，工业界常用的构件技术和模型主要有以下三种：

1. J2EE/EJB[7]

为了用构件技术组成应用系统，1999 年底 Sun 微电子公司推出了 Java2 技术和面向企业的 J2EE 规范。J2EE 不同于传统应用开发的技术标准，它用 Java2 平台简化、规范企业解决方案的开发、部署和管理，其最终目标是提供基于 Java 的服务器端中间件标准，成为支持企业能够缩短投放市场时间并满足低成本、高可用性、易维护性及良好的可扩展性等应用需求的体系结构。在分布式互操作协议方面，J2EE 规范使用互联网内部对象请求代理协议 IIOP（Internet Inter-ORB Protocol）兼容 CORBA 协议，同时它还支持 Java 远程消息交换协议 JRMP（Java Remote Messaging Protocol）；另外，J2EE 规范还提供对 Java Servlet API、JSP（Java Server Page）、EJB（Enterprise Java Bean）及 XML 等技术的全面支持。

EJB 是 J2EE 技术被广泛重视的原因之一，它可以显著简化复杂的企业级开发。EJB 的结构完全采用基于软件构件模型的分布对象计算体系。所有开发者必须遵循 EJB 模型的开放规范去开发软件，从而实现构件的兼容性和可移植性等。业务层组件有三种构件类型：会话构件（表示与客户端的临时交互）、实体构件（表示数据库表中的一个永久性纪录）和消息驱动构件（允许异步接受 JMS 消息）。EJB 接口提供远程和本地接口进行不同的访问以提高服务器端效率。构件类型和访问类型可以通过在 EJB3.0 中为程序加注释来指定。注意，EJB 并不是实现 J2EE 的唯一途径。

EJB 构件运行的环境称为 EJB 容器，它充当中间件的角色，为运行在其中的组件提供各种管理功能并可以通过接口获得系统级的服务，如生命周期管理、事务管理、邮件服务、安全和持久等服务，从而使开发人员可以将更多精力放在核心功能的开发上。目前市场上支持 J2EE 的应用服务器有 Oracle WebLogic、IBM WebSphere、SUN GlassFish 和开源的 JBoss 等。

2. CORBA/CCM[24]

OMG（Object Management Group，对象管理联盟）制定的 CORBA（Common Object Request Broker Architecture，CORBA）标准是分布式异构系统互操作的工业标准。CORBA 的核心是对象请求代理 ORB，ORB 将客户对象的请求发送给目标对象，并返回相应的回应，它是分布式对象互操作的中介。ORB 的关键特征是通信的透明性，这使得开发者可以将更多注意力放在应用领域问题上而不是程序设计上。CORBA 除了核心 ORB 外还包括对象服务和公共设施。中间层的对象服务包括最基本的服务，如名字服务、永久对象服务、并发服务、事件处理服务等。而公共设施则包括建立在对象服务之上的更广泛的服务，如信息管理和任务管理等。

CORBA 构件模型 CCM（CORBA Component Model）是 OMG 于 1999 年推出的 CORBA3.0 规范的核心。CCM 是"用于开发和部署 CORBA 应用程序的服务器端构件规范"。CCM 以 EJB 规范为蓝本，它继承了 EJB 的构件编程模型，但是不同于 EJB，CCM 的底层对象互操作体系结构是语言中性的，并且保持了 CORBA 的互操作性。可以认为 CCM 是 EJB 面向多语言层次的扩展。由于这两种技术非常相似，CORBA 处理网络透明，Java 处理实现透明，并且 EJB 支持 IIOP 作为通信框架，因此 CCM 和 EJB 是互补的。

CORBA 作为可以跨越不同的网络、不同的操作系统和不同的机器实现分布对象之间互操作的工业标准受到越来越多的人认可。但是 CCM 组件应用服务器/应用框架等远不及 EJB 成熟，开发环境的支持也远不如 EJB 完善，另外其规范也非常复杂，所以现在还没有完全实现该规范。目前正在研制的实现 CCM 规范的项目包括：阿尔卡特资助 FPX 负责开发的 MicoCCM[33]、法国 Lille 大学的 OpenCCM[34]、DOC 组织和华盛顿大学的基于 TAO 的 CCM 实现 CIAO[24] 及国防科技大学的 StarCCM[35] 等。

3. COM/DCOM[6]

微软是较早采用构件技术的公司之一。1993 年，在支持复合文档的 OLE 技术的基础上提出了 COM 技术。此技术已相当成熟，微软为 Windows 开发的软件几乎都是基于 COM 的。在 COM 的发展中，微软公司推出了 Distributed COM（DCOM）使基于构件的网络应用的开发成为可能，此外，微软还为分布式企业级应用软件开发提出了微软消息查询服务（MSMQ）、微软作业服务（MTS）及控件服务页面（ASP）等。

COM 和 DCOM 有较强的工具和底层操作系统支持，另外有些功能已嵌入系统，所以开发效率高，成本小并且开发相对简单。但是 COM 和 DCOM 技术过度依赖 Windows 操作系统，使其对其他操作系统平台，如 UNIX 和 Linux 及异构网络环境存在很多兼容性问题。

表 2-1 从企业计算角度对以上三种构件模型进行比较分析，表现最好的用三个星号表示。

表 2-1　主流构件模型比较表

	J2EE/EJB	CORBA/CCM	COM/DCOM
跨语言支持	＊＊	＊＊＊	＊
跨平台支持	＊＊＊	＊＊＊	＊
产品成熟度	＊＊＊	＊＊	＊＊＊
厂商支持度	＊＊＊	＊＊	＊
可扩展性	＊＊＊	＊＊＊	＊＊
安全性	＊＊＊	＊＊＊	＊＊＊
开发难易程度	＊＊	＊	＊＊＊
部署复杂度	＊＊	＊	＊＊＊

2.2.4　可信构件相关研究

1. 可信构件的定义

软件工程的基本目标是以合宜的代价生产出达到预期目标，各项功能和文档用户可用且运行开销不超出用户需求的产品。但理论上和实践中还存在很多问题，制约了这一目标，制约了软件产业的快速发展。传统工业基于标准零部件的生产给软件开发工程化带来了启发，实践也表明基于标准构件的软件复用是软件产业工业化、规模化的必由之路。[36] 软件产业形成规模经济、良性发展的核心是可信构件的生产和复用。可信构件是构造高质量应用的基石，但是在互联网安全领域，COTS（Commercial-off-the-shelf）仍不普及；构件领域还缺乏像电子部件那样完善的可信质量指标和可信性评估、保证方法；另外，实践中构件的演化能力和环境适应性仍有不足。

可信构件这一概念最早是在 1998 年的"TOOLS PACIFIC 1998"会议上提出的，此次会议成立了第一个可信构件研究小组，正式将可信构件研究纳入软件工程。

从不同角度理解可信会有不同的解释。从系统角度分析，ISO/IEC 15408 认为可信是指组件的行为在任意操作条件下可预测，并能抵抗病毒及物理干扰造成的破坏。可信计算组织认为可信是指一个实体的实现行为总是符合预期目标。从用户角度分析，比尔·盖茨认为可信计算是一种随时可以获得的可靠的安全的计算。从网络行为角度分析，可信是指网络系统的行为及其结果可预料，行为状态可监测，行为结果可评估，异常行为可控制。Meyer B. 认为可信构件是一种软件重用元素，可以执行制定的操作处理并且构件各属性具备质量保证[37]。

基于以上分析，本书认为可信构件必须具备以下要素：软件行为总是与预期相一致；可被其他软件元素重用；有通用性；具备一个或者多个可信属性作为质量参数；满足一定的软件质量模型。

2. 可信构件的质量模型

构件质量模型是度量和评估构件的标准，是质量保证的基础。Meyer B. 在波兰国际软件工程会议上提出了可信构件的 ABCDE 模型[37]，如图 2-4所示。该构件模型从五个角度正交划分构件属性，评估时采用不统一的度量标准。构件扩展性（Extensive）是从使用者的角度提出的重用和演化兼容性特征；构件设计（Design）从开发者角度给出设计规则；构件的接受性（Acceptance）从非技术角度给出构件可重用的标准；构件行为（Behavior）给出构件应具备的关键属性；构件约束（Constrains）主要提出性能方面的要素。但是该模型没有给出模型与实际软件特性的关系，也没有给出定量评估的方法。

来源于 Barry Boehm 的软件质量模型形成了 ISO9126 的软件质量模型框架，影响了软件生存周期中的不同阶段。参考此模型，科技部 2003 年

10月成立的软件构件标准工作组，于 2004 年提出了软件构件内部质量和外部质量模型及使用质量模型[44]。这些质量模型为下一步可信构件质量模型标准的理论研究和实践奠定了基础。

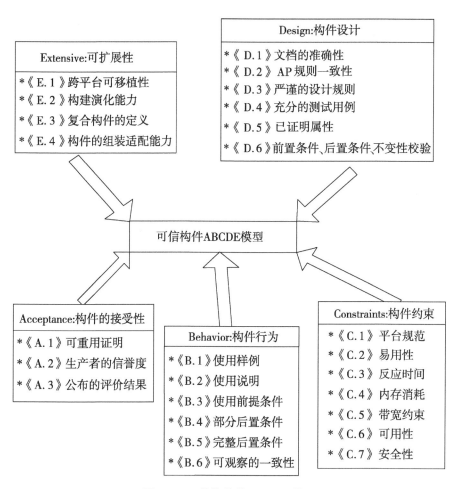

图 2-4　可信构件的 ABCDE 模型

　　构件内部质量和外部质量模型框架如图 2-5 所示，该模型从内部和外部两个方面将质量属性分为七大类。每一大类又分为若干可以度量的子特性。功能性、易用性、可靠性、效率、维护性和可移植性是一般软件也应具备的，而可复用性是构件特有的属性。

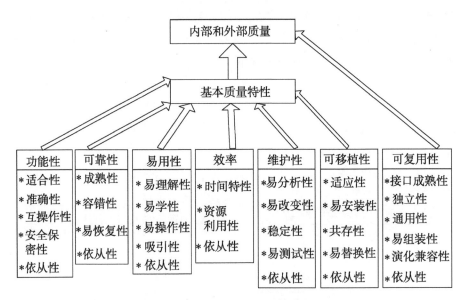

图 2-5 构件的内部与外部质量模型

构件使用质量模型，如图 2-6 所示。从构件使用者角度分析，构件应具备的质量属性，包括有效性、安全性、生产率、满意度和可信度。使用质量的取得依赖于外部质量的取得，而内部质量则是取得外部质量的前提。

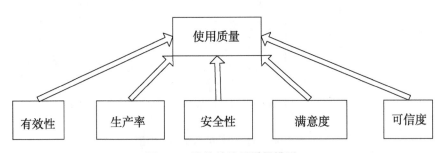

图 2-6 构件的使用质量模型

满足内部度量标准并不能保证一定符合外部度量标准，同样，满足子特性的外部度量标准也不一定能确保符合使用质量标准，因此，三个层次的度量是必要的。

以上三种构件质量模型，虽然定义的角度不同，但都是为保证构件可信性验证的标准。构件的内部和外部质量模型、使用质量模型既体现了与 ISO/IEC 9126 中质量特性的继承关系，又体现了使用质量模型和内外部质量模型之间的依赖关系，但是两种模型质量特性之间的约束关系及构件的使用质量特性之间的约束关系[45,46]并没有反映出来。

3. 可信构件存在的问题和研究现状

构件可信性保障有几个关键点：如何正向得到缺陷少的构件；如何在不同阶段逆向发现构件中的缺陷；如何在开发的不同阶段度量可信属性等。这个需要渗透到软件技术的各个方面，包括软件语言、软件生命周期的各个环节及系统软件。保障构件可信有几个基础性问题，即构件可信性度量与建模、可信构件的构造与验证、可信构件的演化与控制。构件可信性度量与建模涉及如何认识构件的可信性，如何表述构件的可信性及如何度量这种可信性。可信构件的构造与验证则包括如何进行可信性设计，如何消解可信性冲突及如何进行可信性保证。可信构件的演化与控制则需要解决以下问题：如何认识自身及环境的演化，如何动态获取可信性和控制可信性变化，如何构建可信的运行环境。关于如何保障构件可信有很多探讨，形式化方法、软件测试方法、过程管理方法、构件监控方法等都可以用来构建可信构件；针对构件生命周期也有不同的可信性保证方法。当前可信构件的研究可以分为两个方向：一个方向是立足于现在已有的构件类型和构件质量模型，用构件验证给出构件属性质量的评估方法。另一个方向属于长期研究的思路，它通过正确性证明生产构件，这样的构件具有经过充分正确性证明的属性。在生产了可信原子构件后再逐步复合得到可信的系统。

2.3　构件组装技术

构件组装（component composition）是运用多个构件构造软件系统的方法，是基于构件软件开发的重点。构件组装的本质就是通过接口或者连接件协调构件行为、建立构件之间的关联使其一体化[47]。构件组装受到构件模型、需求、构件粒度、组装平台和运行环境等要素的制约。

2.3.1 构件组装方式和构件组装技术

构件组装时根据对内部细节了解的多少可以分为黑盒组装方法、白盒组装方法和灰盒组装方法。最理想的组装方法是黑盒组装，不需要了解实现细节也不需要配置和修改构件，但实践中并没有技术支持它。白盒组装与黑盒组装相反，它需要了解全部实现细节，并且构件可以按需求修改，但这种构件并非真正的可复用软件，对软件复用意义不大。灰盒组装方法是一个折中的办法，它介于"黑盒"与"白盒"之间，它可以调节构件的组装机制而不是修改构件本身来满足需求，是当前技术发展的趋势。

构件组装方式，根据组装模式不同，可以分为以组装工具的使用为主要特征的静态组装和灵活性较高的动态组装。传统构件组装技术研究大多是静态方面的。人们希望系统有良好的可扩展性、可重用性和动态可演变性，构件动态组装正是为了满足此要求而产生的。动态组装以标准的构件模型和构件体系结构及开放系统技术为特征，对运行过程中的构件组装非常适合。

构件组装技术是 CBSD 的核心。下面介绍一些有代表性的构件组装技术。

1. 拷贝/粘贴

这种技术是最原始的，它将可重用代码直接复制并进行适应性修改，不支持自适应和体系结构配置。

2. 契约

契约提供构件行为的大粒度抽象化描述，声明客户部署构件的步骤，它有助于构件理解和重用，支持优化机制。

3. 模块

模块通过接口隐藏内部实现细节，因此可以方便地更换模块，配置系统。模块的连接点可以是一次过程调用，也可以是一次全局变量访问。但是模块不支持插接功能和胶合代码。

4. 脚本语言

脚本语言是解释型语言，说明构件之间如何交互、数据结构如何交换。脚本语言使用动态类型只表示构件连接的抽象。构件应多绑定多种脚本语言。

5. 组装语言

组装语言提供组装的框架，它应用在更高层次的抽象级别上，介于面向对象语言和脚本语言之间。目前已实现的组装语言有 PICCOLA 和 BML。

6. 包装器

面向对象技术开发构件需要维护接口和静态类信息，引起一种隐式依赖，不易在异构平台间移植。包装技术可以扩展现有的类或者转换类的接口，并且包装器可以用简单的方式修改构件行为。这就使得系统设计和演化有更大的柔性。

7. 连接子

连接子规定参与交互的构件形式和构件责任，避免构件组装不匹配。在连接子模型中，连接子说明接口如何定义、可以互换的数据类型、交互机制等，连接子还提供如安全、事务处理、通信等服务。

8. 胶合技术

胶合技术使用胶合代码解决构件组装接口不兼容和局部不匹配的问题，比如体系结构不匹配。胶合代码本质是一种连接子，很难再复用。脚本语言和体系结构中都有胶合的概念。胶合技术解决了脚本语言无法解决的构件互操作性问题。在实践中，胶合代码很难在不了解源代码的情况下开发。

2.3.2　构件组装开发实践

在构件组装开发的实践中，出现了很多诸如 starCCM 和 openCCM 之类的基于 CORBA、DCOM 和 EJB 的构件组装技术和产品。

CORBA、DCOM 和 EJB 使软件工业化成为可能：软件开发商提供构件；领域开发商提供框架；系统制造商根据需要选择构件和框架开发应用；构件应用有最好的灵活性，开发效率极大提高。

但是，基于构件模型 CORBA、DCOM 和 EJB 的组装技术还有很多问题：

第一，CORBA、DCOM 和 EJB 等构件模型虽然定义了相应的构件接口标准和互操作机制，但是如过程调用、消息连接等构件间的集成关系却是分散在构件的具体实现中。这样构件在集成时，就必须了解对方的实现细节，组装也缺乏灵活性。

第二，构件模型 CORBA、DCOM 和 EJB 较早就确定了构件的连接机制，并将连接机制与功能代码混合编译，从而造成构件连接机制不灵活，当连接变化需要加入新的连接信息时，需要修改源码、重新编译，不适合分布式环境下构件动态配置要求[48]。

第三，构件模型 CORBA、DCOM 和 EJB 都不支持对构件之间的交互和行为语义的描述，这就使其不能很好地支持构件的动态组装。

第四，CORBA、DCOM 和 EJB 都基于经典的 C/S 模型，这就限制了它们在网络环境下的自主性、灵活性等适应性。

Web service 是由 URI 标识的自包含的、模块化的应用程序，其接口和绑定可以通过 XML 构件进行定义、描述和发现，它可以采用单一技术统一封装消息、数据和流程[49]。Web 服务组合也是一种构件组装机制，目前的 Web 服务组合方法大致归为两类：基于工作流的服务组合方法和基于人工智能的服务组合方法。前者存在较多人工参与，以流程为中心选取、组合服务，实现较容易，电子商务领域的流程管理大多数使用这种方法；典型的有基于 BPEL4WS[50,51] 的 Web 服务组合和模型驱动的 Web 服务组合。基于人工智能的方法相对前者人工干预少，围绕问题域自动组合服务，多用规划问题求解，实现较难，如基于 AI 规划的 Web 服务组合。

BPEL4WS 用抽象流程和可执行流程描述业务流程，但它不支持应用运行时的流程模型的调整[52]。BPEL4WS 整合已有服务来定义新 Web 服务，但是没有提供具体方式来选取动态绑定时需要调用的服务。

模型驱动方法将软件开发方法学应用到服务组合中，模型驱动的 Web 服务组合用模型驱动的方法来开发、管理动态的服务组合。该方法将组合逻辑与组合规范分离开，使得 Web 服务组合模型化能在更抽象的层次进行，该组合可自动地映射到其他特定的规范，如 BPEL4WS、BPML[53,54]，进而关联到具体的 Web 服务[55]。

服务组合问题可以被视为一个规划问题的自动求解，即给定初始和目标状态，在一个服务集合中寻求一条服务组合的路径以达到从初始状态到目标状态的演变。OWL−S[56,57] 使基于 AI 规划的组合方法得以实现，将 Web 服务看成 AI 中的动作，相应地将服务描述映射为动作的形式化描述，在 Web 服务空间中通过形式化推理得到一个服务的组合序列。

Web 服务组合方法只能够用于组装 Web 服务构件，其他类型的构件，如 EJB 或 DCOM，必须被封装成 Web service 才能组装。

2.4　形式化方法

形式化方法是为了满足开发高质量软件的需求而引入软件工程的，在从高层规范至最终实现的过程中，选用适当的、以形式化方法为基础的工具进行辅助设计和验证，对提高安全攸关系统的可信度有很大帮助。尽管将之用于实践的效果还不甚完美[58]。例如，人工参与工作量大且容易出纰漏，自动化的方法速度快，可工具本身的完备性和正确性不能保证等。但这方面的探索从未间断，而且取得不少成效[59-62]。传统的做法是反复测试和试用以保证软件系统可靠性，但即使对系统测试成功，也不能说明系统没有别的错误。相比之下，形式化方法因其严格的数学和逻辑基础带来的精确性和严格性而倍受工业界青睐，并在实践中得到运用。形式化方法用于构件系统的研究也很多，下面介绍一些典型的构件形式化方法。

构件描述语言（Component Description Language，CDL）主要从构件体系结构角度描述构件及其关系，它和软件体系结构描述语言（Architecture Deseription Language，ADL）都显式地定义了适合于软件体系结构表达与描述的成分，支持基于体系结构开发和演化。因此，在 CBSD 研究领域里，并没有特别强调它们的区别。不同 ADL 的关注点不同，比如 Rapide 注重构件接口和行为建模而 Wright 则关注连接语义的表达，而且，即使关注点相近的形式语言，它们的原理、形式规约、模块连接机制包括支持的程序语言也不一定相同。目前，得到较多关注的 ADLs 有 MetaH、C2[63]、Aesop[64]、ACME[65]、Darwin[66]、Rapide[67]、UniCon[68]、Wright[69] 和 SADL。

（1）C2：C2 是由 Richard N. Taylor 等开发的适合基于消息传递风格的

图形用户界面系统的描述语言，是用于特定领域的一个简单的体系结构描述语言。C2 的设计环境 Argo 支持用可替换、可重用的构件开发 GUI 的体系结构。C2 是基于消息的，连接件负责构件间的消息传递，构件维持状态、执行操作并通过端口和其他构件交换信息。构件间的信息交换必须通过连接件来完成，每个构件接口只能和一个连接件相连，但连接件可以和任意多的构件和连接件相连。构件接口包括请求消息和通知消息，前者只能向上层传递，后者则相反。C2 对实现语言、线程控制、构件部署及通信协议都不限制，它提供体系结构规约的语法符号，但没有语义规约。

（2）Darwin：Darwin 是 Magee 和 Kramer 开发的，它最初是分布式系统配置语言，后来发展成为体系结构描述语言[66]。Darwin 用接口定义构件类型，系统配置定义构件实例并绑定接口。Darwin 和 Unicon 对软件系统静态结构的描述非常相似，Darwin 运用 π 演算[71]为系统行为建模，利用 π 演算的强类型系统进行静态检查，Magee 和 Kramer 基于此实现了 Darwin 配置的分布式算法。另外，Darwin 引入一些特有的构造使其能灵活地描述软件系统的动态特性，也就是说构件和连接件的组织关系可以在系统运行时改变。Darwin 不预先设定限制，这使得设计可以非常灵活，比如它支持设计人员同时使用自顶向下和自底向上的设计方法。但是，Darwin 不支持体系结构行为的语义解释也不支持体系结构风格的规约。

（3）Rapide：Rapide 通过定义并模拟基于事件的行为对分布式并发系统建模，它是一种可执行的 ADL。Rapide 是一种基于事件的、并发的、面向对象的语言，是专门为系统体系结构建立快速原型设计的，它通过事件的偏序集合来刻画系统的行为，从而对分布式并发系统建模[67]。构件计算由构件接收到的事件触发，并进一步产生事件触发其他的计算。Rapide 模型的执行结果为一个满足一定的因果或时序关系的事件集合。Rapide 用类型语言定义接口类型和函数类型，模型语言则定义具有因果或者时序等关系的事件模型，可控制语言描述构件行为的控制结构，体系结构语言通过定义同步和通信来描述事件流，约束语言则定义行为和体系结构满足的偏序集。Rapide 能够提供多种分析工具，这是它的一大优点。Rapide 允许仅仅基于接口而定义体系结构，开发者可以在某个体系结构中使用符合特定接口的新构件。

（4）UniCon：Unicon 支持对体系结构的描述，支持不同的表示方式和分析工具。Unicon 通过定义类型、属性列表和交互点来描述构件和连接件，它区分不同类型的构件和连接件以检查体系结构配置并通过工具提供对大量构件和连接件的统一访问。在 Unicon 中通过配置构件和连接件的接口可以将它们连接，但增加新的连接件类型并不容易。

（5）Wright：Wright 是 Robert Allen 等开发的可以描述体系结构风格、系统族、体系结构实例的语言[69,72]。Wright 从构件、连接件和配置三个角度描述体系结构，对构件的描述包括接口和计算，对连接件的描述则包括角色的集合和黏合，把构件和连接件的描述结合在一起就是配置，由此可以得到描述配置行为的 CSP（Communication Sequence Process，Csp)[73] 进程。Wright 以 CSP 为形式语义基础将连接件定义成协议，允许模块交互的形式化定义、自动化检查和推理，现存 FDR 工具就可以自动进行 Wright 描述上的一致性检测。Wright 的体系结构静态分析机制可以进行兼容性检测、一致性检测和系统死锁分析等，及早发现错误，减少风险。但是 CSP 固有的静态特性限制了 Wright 在动态体系结构方面的描述能力。另外，它也没有考虑体系结构的封装和实现。

国内关于体系结构描述语言的研究也很多，如基于面向对象框架和角色模型的体系结构规约语言 FRADL[74]、基于时序逻辑的 XYZ/ADL[75,76]、支持面向构件软件开发方法的 ABC/ADL[77,78] 等。

FRADL[74] 把体系结构基本元素作为首要的规约对象，把框架作为构件，以便有良好的继承性和扩展性；将角色模型视为一种具有脚本定义功能的可执行实体，并作为基本元素规约；改进角色模型表示的一种约束关系并作为连接器使用；构件和连接器实例的配置则构成体系结构。FRADL 通过强化连接器的约束条件来加强对体系结构的规约。另外，FRADL 使构件和连接器有良好的透明性，通过连接器的脚本配置系统以便保持良好的并发性和可测试性。FRADL 虽然提供了对体系结构基本要素的描述，但缺乏形式语义模型和系统的分析方法。XYZ/ADL[75,76] 是中国科学院软件研究所的学者基于线性时序逻辑系统的一种面向软件工程的语言 XYZ/E 提出和开发的可视化体系结构形式化描述语言。XYZ/E 能用文本和图形描述计算行为，并能以统一的形式表示静态语义和动态语义。XYZ/ADL 用组件、连接件和交互端等能描述常用的软件体系结构，只是规约的抽象级别较低，还缺乏相关的组装推导机制。ABC/ADL[77,78] 基于数据互操作标准 XML，具备较强的可扩展性，可以描述不同领域软件系统的高层结构，支持系统的逐步精化和演化，提供对源代码级或者可执行代码级的自动化组装和验证。采用 XML 作为元语言，不仅使 ABC/ADL 可以与其他 ADL 互操作，还可以实现设计阶段与软件生命周期其他阶段之间信息的可追踪性，提高开发效率。

2.5　模型验证技术

形式化方法除了要有规范的语言和开发方法外，还应有相应的验证技术。目前，形式化验证方法主要可以分为以下三类：

演绎验证（Deductive Verification），也叫定理证明，它的基本原理是先建立一套逻辑体系，并用其公式来描述系统和性质，然后在这个逻辑体系中从公理和定理出发使用推导规则看能否导出系统模型满足特定的性质。不管有穷状态还是无穷状态都可以用这种方法，但是它需要人工干预，不能全自动进行。基于这种方法的证明工具有 HOL[79]、PVS[80] 和 XYZ/VERI[81] 等。

模型检测（Model checking），其方法是用有限状态机描述系统，用时序逻辑表示性质，遍历有穷的状态空间，在模型上自动验证性质刻画的正确性。模型检测可以全自动进行无须人工干预，其不足是只能处理状态有穷的系统，并且对复杂系统可能出现状态爆炸。下面将重点介绍这种方法及使用这种方法的证明工具。

等价性验证（equivalence checking），实际是一种半形式化的技术，与前两者不同，它主要对设计的一致性验证，但无法确保设计原形是否正确，因此还需要定理证明和模型检测。

2.5.1　模型检测

模型检测是一种重要的自动验证技术，由美国学者 E. M. Clarke、E.

A. Emerson 和法国学者 J. P. Quielle、J. Sifakis 于 1981 年提出。模型检测涉及两种形式说明语言，性质说明语言用来描述系统性质，模型描述语言用于描述系统模型。模型检测包括建模（Modeling）、规约（Specification）和验证（Verification）三个过程。

E. M. Clarke 等人提出了描述并发系统性质的性质说明语言 CTL 逻辑，提出了验证系统模型是否满足待测性质对应的 CTL 公式的算法，并基于此实现了一个原型系统[82]。这一研究为并发系统的自动验证开辟了新思路，并成为近年计算机领域的一个研究热点[83]。

模型检测技术就是检验由模型描述语言描述的系统模型是否满足由性质说明语言描述的系统性质。如果系统的行为用状态迁移系统 S 描述，系统性质用模态/时序逻辑公式 F 描述，那么"系统是否具有所期望的性质"这个问题就等价于验证"S 是否是满足公式 F 的一个模型"。这个问题对状态有限的系统是可判定的。模型检测主要通过对系统状态空间的显示搜索或者隐式不动点计算来解决这个问题。模型检测可以自动进行，并且能给出系统不满足性质的反例，指导我们找出错误。这两个特点使模型检测比其他形式化方法更加引人关注。模型检测的框架如图 2-7 所示。

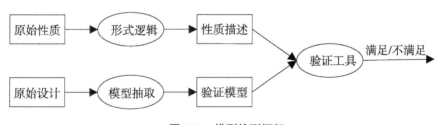

图 2-7　模型检测框架

模型检测的关键问题是怎么设计数据结构和算法以表示和遍历大规模的系统模型状态空间，怎么解决多个系统模型并行组合形成的状态空间爆炸问题。因为并发系统被显式地表示成状态迁移系统时，它的状态数目和并发分量的增加是指数的关系[84]。因此，当一个系统的并发分支较多时，直接搜索状态空间是不现实的。显式的模型检测方法最多能够处理 10^8 个状态数的可达系统[85]。符号模型检测（Symbolic model checking）技术的出现是个突破，它能够处理的系统状态个数可达 $10^{150[85,86]}$。1993 年 K. L. McMillan 基于 R. E. Byrant 的有序二叉判定图（Order Binary Decision Diagram）比较紧凑地表示状态（集）和转换关系，这样系统模型所需的内存空间就大大降低了。另外，符号模型检测的状态转换的计算是以集合为单位的，这样就提高了搜索的效率。

此外，还有很多其他的压缩模型状态空间的技术，如"on-the-fly"技术[87,88]、偏序归约技术[89,90]、对称模型检测技术[91,92]及抽象技术[93,94]等。"on-the-fly"技术的基本思想是把状态空间生成和检验它是否满足性质并在一起做，根据需要去展开路径包含的状态，而不是预先构造整个状态空间。偏序规约技术通过发掘系统中并发执行的迁移的交换性，减少本质上相同的等价状态，从而仅生成足以检验性质的较少的状态空间。对称模型检测针对由多个完全类似的进程组成的系统，利用模型状态空间的对称性生成压缩的等价模型，这样只需搜索一种对称等价情形即可。对系统模型的抽象是通过把原来模型中与待验证性质无关的细节去掉而得到简化的模型。对性质的抽象，主要是分解待验证的性质从而降低公式的复杂程度。

模型检测理论和技术在电子器件和协议的分析验证中取得了很大的成功，许多知名公司成立了专门的形式化小组将模型检测方法用于生产，当前模型检测理论和技术的热点已经转向实时系统、混成系统和软件系统。

2.5.2 模型检测工具

模型检测能够自动验证需要有效的模型检测工具的支持，下面介绍几个验证不同类型逻辑公式的代表性的模型检测工具。

（1）SMV：SMV[95]是卡耐基梅隆大学开发的非商业化模型检测工具，SMV 是一个功能强大的符号化模型检验工具。SMV 语言以 Kripke 结构为语义模型描述状态转换关系，SMV 以模块为建模单位，模块基于共享变量通信。SMV 把初始状态、转换关系及系统属性对应的 CTL 公式都表示成有序二叉图（OBDD），通过模型检测算法用计算不动点的方式检测系统属性是否满足。这种方法的时间复杂性和空间大小及 CTL 公式的长度呈线性关系。

（2）SPIN：SPIN[88,96,97]一般用于验证分布式系统，尤其是协议一致性的辅助分析检测，由美国贝尔实验室的形式化方法与验证小组开发，1980年开发的 pan 就是 SPIN 的前身。SPIN 可以作为一个完整的 LTL 模型检测系统来满足所有的线性时态逻辑表示的性质的验证。SPIN 以语法与 C 类似的 Promela 为输入语言，以进程为建模单位，进程异步组合，进程间基于消息传递的方式进行通信。对于用 Promela 描述的协议，SPIN 对其执行可以随意模拟，也可以生成 C 代码程序，然后对系统正确性进行验证。SPIN 使用"on-the-fly"技术根据需要生成系统的部分状态，检验时对于中小规模的模型，可以穷举状态空间分析，对于较大的系统，则用 Bit State Hashing 方法搜索部分状态空间。SPIN 验证时将进程和 LTL 公式用 Büchi 自动机表示，通过计算它们的积可接受的语言是否为空来验证模型是否满足某个性质。SPIN 可以对协议设计中规格的逻辑一致性验证，并报告死锁、无效循环等错误。

随着程序检测的需求，出现了 Verisoft、BLAST、Bandera、JPF 等程序模型检测器，它们改变了模型检测只能对形式化规约语言建模的传统，使研究人员直接将研究重点集中到了 C/C++和 Java 等主流程序语言实现的系统描述上，而不需要单独抽象出系统的行为描述。

（3）Verisoft：Verisoft[98,99]是贝尔实验室开发的面向 C、C++、Tcl 等程序设计语言的软件模型检测工具，它是最早使用基于执行的少量状态搜索的模型检测工具。其模型检测的基本工作原理是：程序各并发进程的组合行为通过表示程序状态空间的有向图反映，断言可以通过 VS_ assert 语句插入任意进程的代码中，通过对程序的状态空间的自动搜索以发现其中的死锁（deadlock）、活锁（livelock）和断言违反（assertion violation）等错误，该工具还支持通过一个交互式的图形化仿真工具对进程运行和交互进行观察和控制，对错误场景进行回放。另外，它还支持测试用例自动生成、执行和评估功能。Verisoft 适于对多进程并发程序进行仿真、验证和测试。

（4）BLAST：BLAST[100,101]系统是加州大学伯克利分校开发的针对 C

程序的软件模型检测工具，使用反例自动抽象求精的技术来构造抽象模型，其抽象构造过程是由"on-the-fly"实现的。BLAST 的特点是在模型构造、模型检测、模型求精的循环中用懒惰抽象（Lazy Abstraction）技术[100]，使效率得以提高。

（5）Java Path Finder：Java Path Finder（JPF）[102]是美国 NASA 开发的一个程序模型检测器，用以检测 Java 程序是否满足某些指定性质，包括 Assertion 和不确定异常。JPF 在实现上采用了多种状态空间缩减技术，如"on-the-fly"、偏序归约、对称化简和状态抽象等。

20 世纪 90 年代以来，实时系统模型检测的研究取得了重大进展，出现了用于表示实时系统的各种数学模型和描述实时系统的模态/时序逻辑。另外，基于各种实时系统数学模型和逻辑提出了各种模型检测的算法，并基于此实现了相应的分析与验证工具，比如 UPPAAL[19]、Kronos[103,104]、HyTech[105,106]、Timed COSPAN[107]等。

（6）UPPAAL：UPPAAL[19]是由瑞典的 Uppsala 大学与丹麦的 Aalborg 大学联合研发的一种自动验证工具，它可以描述非确定的并行过程的组合，已成功用于通信协议和实时控制器的验证。它集成了实时系统建模、验证功能和过程仿真，并提供了相应的图形化用户界面。UPPAAL 的工作流程是：首先在系统编辑器中用自动机为要验证的系统建模；其次在模拟器中模拟系统的执行及尽早发现一些错误；最后在验证器中用 BNF 语法来描述要验证的性质，通过快速搜索系统的状态空间来检查性质是否满足。当性质不满足时，UPPAAL 会自动生成一个诊断序列以便设计者修改。UPPAAL 高效的状态缩减和搜索方法使得它可以验证更复杂的系统，另外，使用的方便性也促进了它的应用。目前，它已经成为用于工业、科研等领域较为成熟的工具。

（7）Kronos：Kronos[103,104]支持自动机的信息集合的分析。现在大部分实时系统模型检测工具的状态集都用 zone 来表示，Kronos 除了可以使用类似 BDD 的数据结构来表示 zone 外，还可以使用 DBM 表示的 zone 以简化状态空间，另外附加的启发式的推断包括简化状态空间的各种最小化算法。该工具支持对 TCTL 形式性质验证的前向、后向分析算法。

（8）Hytech：Hytech[105,106]采用符号化方法对以 ICTL（Integrator CTL）表示的性质进行检测，它是为线性混成系统验证的工具。它提供的用户界面及参数化分析利于与用户的交互过程。

（9）Timed COSPAN：工具 COSPAN[108]由贝尔实验室开发，它是一个基于自动机的建模和分析工具。Timed COSPAN 时间约束的分析机可以用域自动机也可以用带自动机，可以通过快速列举程序或者基于二至十进制编码的程序搜索。Timed COSPAN 近似用来支持启发式的改进有：第一，不同时分析所有的时间约束[109]，时间约束在需要时自动逐次增加；第二，潜在连续的语义是近似的，并且只有在必要时，才使用这个形式。

2.6　本章小结

本章介绍了 CBSD、实时服务构件及形式化相关研究技术，首先介绍了 CBSD、实时构件的基本特征、可信构件和构件组装相关内容，接着重点阐述了几种主要的构件形式化技术，最后介绍了构件模型验证的相关技术。

第3章　构件建模和构件行为相容性

3.1　问题背景

构件组装过程就是根据一定的方式将子构件（可以是简单构件，也可以是复合构件）连接生成功能更加强大的复合构件的过程。构件组装的实质就是建立子构件之间的关联以协调它们的行为，最终构成一个有机的整体。构件组装体现了构件之间的协作配置关系和调用关系。基于构件的软件开发方法（CBSD）将外部已开发的构件集成来构造新的软件系统，不仅能避免大量的重复劳动，减少财力浪费，提高生产效率，还能促进分工合作，显著提高软件产品的质量[110]。因此，构件技术在软件开发过程中得到了越来越广泛的应用，并逐渐渗透到诸如航空航天、军事过程控制等领域的实时系统开发中[111,112]。这类领域对安全性、可靠性等可信性质的要求严格，系统如果无法在计划的时间段内完成规定动作，就可能引发难以想象的灾难。但是，这类系统往往规模较大，系统内各个构件交互频繁并且有很复杂的时序行为，将它们组装成一个整体时经常出现构件间动态行为不相容等各种预先难以发现的错误。怎样有效地描述和验证复杂实时构件系统，尽早发现系统错误，提高系统的可信性，是我们面临的一个重要问题。

构件组装不但要求构件接口声明的参数匹配，而且要求构件的行为是相容的，因为可能存在两个构件间的动作执行不一致。当前一个构件中的活动状态的输出动作发生时，另一个构件的活动状态不存在与之对应的输入动作，这两个构件的行为就是不相容的。所以，在设计基于构件的软件系统时，需要考虑如何通过某种有效途径来描述与验证系统中构件组装行为的相容性。

从应用的角度来看，目前较为成熟的构件技术（如 CORBA、EJB 等）通过接口描述语言来规范构件之间的交互[110]，但接口描述语言一般仅能定义交互接口中符号级的内容，即接口中的参数个数、顺序和类型等方面的内容，而对于构件之间正确交互所必需的行为相容性则无法加以保证[113]。因此，对于接口完全匹配的两个交互构件而言，其在运行时仍会因行为的不相容而引发失败。

20 世纪 90 年代后期，对构件间行为的相容有一些理论研究[69,114-117]。其中：Aalst 基于行为继承性提出一个框架分析行为相容性；Bernardo 用基于进程代数的体系结构语言分析行为相容性。但这些研究都是围绕某种特定的体系结构描述语言展开分析讨论，并且关注于构件间接口操作调用次序引起的行为不相容。而基于构件的实时系统行为的不相容一般是由于时间约束不一致引起的，上述研究工作并未涉及这方面，因此，本章的主要工作是将形式化方法用于这种不相容性分析。

构件技术和形式化方法的结合是实现高可信实时系统的重要途径。形式化方法包括形式化描述技术和形式化验证技术，是关于在系统的开发中进行严格逻辑推理的理论、技术和工具。形式化描述因其严格的数学和逻辑基础使得对软件系统及其性质的描述简明、精确清晰、无二义。形式化验证则是基于形式化描述语言对系统及其性质的刻画来分析系统是否满足所期望的性质。近些年，模型检测等形式化验证方法因为实现其思想的自动化工具支持，使用非常方便，被广泛关注并应用到复杂构件系统构造的安全生命周期[118-120]。

实时系统的显著特点就是它们的行为必须在严格的时间范围内发生。也就是说它们的正确性不仅依赖于并发行为如何交互，还依赖于这些并发成分交互的时间。实时构件系统对时间的严格要求，使得它在构件模型设计、系统组装、实现等方面与其他构件系统不同。本章针对实时构件系统的特征及其组装过程对形式化方法的需要，介绍并分析了学术界和工业界几个主要的构件模型[69,111,121,122]及各种实时行为形式化描述方法[123-126]；

然后，在对时间自动机[124,127]进行扩展的基础上提出了描述实时构件的模型 RCM，并给出了 RCM 积的构造方法；最后，给出了基于此模型的构件行为相容性分析方法并实现了相应的验证算法。RCM 对实时构件交互行为和体系结构信息描述清晰，便于开发人员对系统行为的理解，减少了二义性，并为组装行为形式化验证奠定了基础。而组装行为相容性验证则把构件行为相容性检验转化为可被模型验测方法自动分析的可达性，提供了形式化手段来提升系统可信性。

3.2 构件模型及时间行为的形式化描述

构件模型是构件技术的核心和基础，它描述了构件的本质特征和构件间的关系。构件模型是构件行为形式化描述和验证的基础，只有基于构件模型的形式化分析方法才能为大量组装开发的实践提供支撑。构件组装实时系统需要我们提供能够描述构件实时行为的构件模型。

3.2.1 构件模型及构件行为的形式化描述

构件模型通常提供型构层次（Signature Level）和行为层次（Behavior Level）两个方面的信息描述构件。型构层次主要提供关于构件服务相应的方法名称、参数个数和类型及返回结果类型等描述内容。行为层次则主要是关于构件交互及接口上服务提供和请求之间的次序关系等内容。

近年，学术界提出的典型构件模型主要有 3C、Wright、Fractal、SOFA、北大青鸟及 Reo 等，而工业界居主体地位的构件模型主要有 Microsoft 的 COM/DCOM、OMG 的 CORBA 及 Sun 的 Java Bean、EJB 等。

工业界构件模型目前还仅仅是从语法层次上描述构件，在语义层面的支持还很缺乏。并且构件模型的描述信息主要是关于型构层次上构件对外提供的服务，对外请求的服务则隐藏在代码实现中，另外，工业界构件模型不支持对构件行为的形式化描述。

学术界提出的构件模型一般都具备构件行为的形式化描述机制。例如，Wright[69]运用通信顺序进程（CSP）代数的子集为形式语义基础并对其扩充来描述构件的行为，但它的描述非常复杂并且不具备行为组装推导机制。北京大学的学者提出的青鸟构件模型[121,122]用操作规约的前后置断言描述功能规约，用入接口和出接口定义构件的行为；SOFA 和 Fractal 模型都是用构件行为协议描述构件行为。基于此，对构件行为的验证就等价于对行为协议的验证。行为协议用类正则（Regular-like）语言表示，并借鉴进程代数的相关内容，简单并且对形式化规约和验证支持较好。这些主流构件模型虽然能很好地描述构件的功能，但是不具备对时间约束特征的语义描述，而这个特征是实时构件所特有的，因此它们不适合对实时系统建模。

基于这个原因，研究人员展开了大量关于实时构件的研究工作，并且不同的实时构件模型被提出，如实时 CORBA、PECOS、Koala 等。但它们仍有许多不足，比如实时 CORBA 不能形式化描述构件行为，而 PECOS、Koala 等则是面向特定应用领域（消费电子、汽车制造）的实时构件模型，不能作为通用模型推广。

学术界也有许多通用实时构件模型被提出，如为构建可信实时反应系统（RTRS），Alagar V 和 Mohammd M. 提出了一个构件模型[111]。在这个模型中，模版实例化就可以得到构件。构件模版由结构和协议组成，结构则由框架（frame）和体系结构组成。协议描述数据约束和时间约束内容；框架包括接口类型、服务名称集合及参数信息等内容，完全从黑盒视角定义；体系结构（architecture）则关注构件内部层次结构，是接口连接关系的抽象。这个模型侧重对时间约束和安全特性的表达，但缺点是表述比较复杂并且可操作性差，另外没有实用工具的支持。

目前，虽然关于实时构件模型行为的研究不多，但对时间行为进行描述和分析的方法、工具已经出现了很多；虽然没有整合进常见构件模型，但它们可以单独拿来分析、验证实时系统。

3.2.2　时间行为形式化描述方法

根据建模基础的不同，下面介绍几种常见的时间行为描述方法：

1. 以进程代数为基础的方法

进程代数是关于使用代数方法研究通信并发系统的理论的统称，使用通信而非共享存储作为进程之间相互作用的基本手段，包括 CSP、CCS 和 PI 演算等。这些代数理论都体现出面向分布式系统的特征。一些学者通过对进程代数进行基于时间的扩充以描述时间系统，比如 Timed CSP、LOTOS 的实时扩充 ETLOTOS（Enhanced Timed LOTOS）及 Duration Calculus 等都可以描述系统的时间行为。Timed CSP[123] 是一种确定动态行为的语言，它是基于 Hoare 提出的 CSP 理论并增加了关于时间的操作而形成的一种对实时并发系统进行描述的形式化语言。Timed CSP 在保留 CSP 的进程操作符的基础上增加了可以精确地描述时间行为的延迟、超时及实时中断等新操作。另外，它给出了所有的操作在实时层面的解释。

2. 以自动机为基础的方法

有限状态自动机（FSM）直观性强，可实现与其他形式化方法的组合和转换，是很多形式化方法的基础。时间自动机（Timed Automata）[124] 是在有限状态机的基础上加入时间约束来描述实时系统。它最早由 R. Alur 等人提出，主要研究实时系统，是一种描述时间行为的标准模型。一个时间自动机包括有限的"位置"（Location）和多个用于同步的实型值时钟，时钟的重置是通过位置的变迁（由 TA 的边表示）实现，因此时钟值实际上代表重置后流逝的时间。

以自动机为理论基础描述构件时间行为的方法还包括时段自动机、对输入/输出动作增加时间约束的时间接口自动机和时间 I/O 自动机等。

3. 时间迁移系统（Timed Transition System）[125]

与自动机类似的表示方法有时间迁移系统，时间迁移系统通过对转换绑定时间上下限约束转换发生的时间，从而将时间信息引入系统描述。时间约束限制了转换不能过早也不能太迟发生。时间迁移系统模型可以转化为时间自动机模型，反之亦然。

4. 以时序逻辑为基础的方法

时序逻辑也叫时态逻辑，是非经典逻辑之一，它研究怎样处理含有时间信息（过去、现在、将来）的事件的命题和谓词。时态逻辑表达能力很强，可表达程序安全性、活性和事件优先性，是研究并发系统尤其是不终止系统的有效工具。时序逻辑包括将时间看作一个线性序列的线性时序逻辑和认为时间序列向前或向后有分叉的分支时序逻辑，对它们的各种实时扩充，如 TPTL、TCTL、LTLC 都可以描述实时信息。例如，中科院的一些学者提出了基于线形时序逻辑语言 XYZ/E[126] 的实时扩展语言——XYZ/RE，它可以对进程或者整个实时系统准确建模。

另外，时间 Petri 网、时间统一建模语言 TUML（Timed UML）及 TCOZ（Timed CSP+Object Z）等都可以用来对时间系统建模。但是，由于 CSP、Pi 演算等进程代数形式化手段过于复杂，很难被工业界所接受，多数以进程代数为基础的构件模型并没有在软件开发实践中广泛应用。构件模型迫切需要一种语法和语义简单、容易掌握的实时行为形式化描述方法。

针对实时构件的特点和研究现状，本章将提出新的实时构件模型。时间自动机是基于对无穷的时钟空间进行有限量构建而进行自动分析的，它以简单通用的方式描述具有时间约束的状态转移关系。用时间自动机对构件建模精确，不存在二义性，它为构件组装提供了详尽但不冗余的信息。新的模型在对时间自动机进行扩展的基础上通过引入动作的定义描述构件的交互，用构件组合信息描述构件软件的体系结构，用时钟约束和复位的时钟集合限制实时构件的交互行为。此外，新模型具有实用工具的支持，这些都弥补了以往构件模型的不足。

3.3　时间自动机和 UPPAAL

本节简单介绍时间自动机理论和使用时间自动机作为模型的验证工具 UPPAAL。

3.3.1　时间自动机

时间自动机[124] 是可以描述实时系统行为的形式化符号系统。它以简单通用的方式描述具有时间约束的状态转移关系。时间自动机是依据对无穷时钟空间进行有限量构建而进行自动分析的。

在给出时间自动机的定义前，先给出两个定义。

定义 3.1（状态转移系统）　系统模型可用带有事件驱动的状态转移

图表示。一个状态转移系统可用（Q，Q_0，Σ，$\rightarrow$）表示。其中：

Q 是所有状态的集合；

$Q_0 \subseteq Q$ 是开始状态的集合；

Σ 是事件或字母的集合；

$\rightarrow \subseteq Q \times \Sigma \times Q$ 是状态转移的集合。

$q \rightarrow q'$ 或 $<q, a, q', \rightarrow>$ 表示系统受事件 a 驱动，可以从当前状态 q 转移到下一个状态 q'。如果状态 q 可达，那么，如果存在 $q \rightarrow q'$，则状态 q' 也可达。

定义 3.2（时钟约束[124,127]） 对于一个有限时钟变量集 X，时钟约束 δ 的集合 Φ（X）满足如下文法：

$\delta: = x \leqslant c \mid c \leqslant x \mid x < c \mid c < x \mid \neg \delta \mid \delta_1 \wedge \delta_2$

其中：x 是一个时钟，它属于集合 X；c 是一个常量，属于非负实数集合 IR^+；δ_1 和 δ_2 则表示时钟约束。

定义 3.3（时钟解释[124,127]） 时钟集合 X 的时钟解释 v 是指给集合 X 中的每个时钟赋一个实数值；实质上，它代表的是从时钟集合 X 到非负实数集合 IR^+ 的一个映射关系。时钟集合 X 的一个时钟解释 v 满足时钟集合 X 上的一个时钟约束 δ，当且仅当按照 v 的赋值，δ 为真。对于任何常量 $d \in IR^+$，$v + d$ 代表一个时钟解释，也就是说它对每一个时钟 x 分配的值为 v（x）$+ d$。对 $Y \subseteq X$，$v [Y = 0]$ 代表 X 的一个时钟解释，它意味着让每个 $x \in Y$ 复位，并使集合 Y 之外的其余时钟值继续增加。

定义 3.4（时间自动机） 一个时间自动机 A 是一个六元组 $<\Sigma, L, L_0, X, I, E>$。其中：

Σ 是一个有穷字母表；

L 是位置的集合，它是一个有穷集合；

$L_0 \subseteq L$ 代表开始位置的集合；

X 代表时钟集合，它是有穷的；

I 代表一个映射关系，它给集合 L 中的每个位置 ℓ 分配一个属于 Φ（X）集合的时钟约束；

$E \subseteq L \times L \times \Sigma \times 2^X \times \Phi$（$X$）代表迁移（转移）的集合。$<\ell, \ell', a, \lambda,$

δ>表示当输入字母或者标记 a 时，从位置 ℓ 到位置 ℓ' 的迁移（转移）。δ 是时钟 x 上的一个约束，当迁移（转移）发生时它必须被满足；$\lambda \subseteq X$ 代表在该迁移（转移）发生时需要复位的时钟。

时间自动机 A 的语义是由和它对应的状态转移系统 S_A 的运行来定义的。S_A 的每个运行状态由一个二元组 (ℓ, v) 表示，ℓ 是 A 的位置集合中的一个元素，v 是时钟 x 的一个时钟解释，它满足不变式 $I(L)$。A 的所有运行状态的集合记为 Q_A，A 对应的开始状态 (ℓ, v) 可用 $(\ell_0, 0)$ 表示，其中位置 $\ell = \ell_0$，此时的时钟解释满足 $v(x) = 0$。

对状态转移系统 S_A，它运行中的状态转移有如下两种类型：

（1）由于时间流逝而发生状态之间的转移。对于状态 (ℓ, v) 和实数型时间增量 $d \geq 0$，如果对所有的 $0 \leq d' \leq d$，$v + d' \in I(\ell)$，则有 (ℓ, v) → $(\ell, v+d)$。

（2）由于满足事件要求而发生状态转移。对于状态 (ℓ, v) 和转移<ℓ, ℓ', a, λ, δ>，如果有 $v \in \delta$，那么有 (ℓ, v) → $(\ell', v[\lambda := 0])$。

因此，S_A 是具有标记集 $\Sigma \cup IR^+$ 的转移系统。

对实时系统的验证主要包括安全性验证和活性验证。其中，系统的活性主要通过位置上的不变式和限制转移发生的约束条件来保证，验证也比较容易。安全性验证问题可归结为时间自动机的可达性分析。

时间自动机 A 是否满足期望的性质 P，可以把期望性质 P 用时间逻辑公式 L 形式化，验证算法从系统的状态空间中搜索特定状态，考查在满足关系 ⊨ 上，$A \vDash L$ 是否成立。一般来说，有两种搜索技术：前向搜索和后向搜索。前者遍历状态空间从一个状态到它的后继；后者则从一个状态到它的前趋。

对状态空间穷尽搜索的方法主要问题在于当过程或分支数目增加时，状态空间的大小呈指数级递增，这就引起了状态空间爆炸。为解决这个问题，学者提出了许多状态空间最小化方法。比如域自动机方法、带自动机方法及基于历史等价和转换互模拟的最小化方法等构造时间自动机状态空间的有穷表示。

定义 3.5（时间自动机的积）　一般而言，若干个并发且互相通讯的时间自动机可以构成一个复杂的系统。而这些并行并且有交互的时间自动机可以合成为一个时间自动机，在这个合成的自动机内，同步转换基于共享某个事件，而交叉执行的转换则基于非共享事件。因此，需要一个关于如何构造时间自动机积的方法[127]，将若干个时间自动机合成以描述上述系统，基于此，复杂系统就可以被定义为其组成成员对应自动机的积。

有两个时间自动机 $A_1 = \langle L_1, L_1^0, \Sigma_1, X_1, I_1, E_1 \rangle$ 和 $A_2 = \langle L_2, L_2^0, \Sigma_2, X_2, I_2, E_2 \rangle$，假设它们的时钟集合 X_1 和 X_2 不相交，那么两个自动机 A_1 和 A_2 的积记为 $A_1 \parallel A_2$，它是一个满足如下形式的时间自动机 $\langle L_1 \times L_2, L_1^0 \times L_2^0, \Sigma_1 \cup \Sigma_2, X_1 \cup X_2, I, E \rangle$，这里，$I(\ell_1, \ell_2) = I(\ell_1) \wedge I(\ell_2)$，积的状态转移集合 E 的定义如下：

（1）如果输入标记 $a \in \Sigma_1 \cap \Sigma_2$，并且 E_1 中对应的每一个转移为 $\langle s_1, a, \varphi_1, \lambda_1, s'_1 \rangle$，$E_2$ 中对应的每一个转移为 $\langle s_2, a, \varphi_2, \lambda_2, s'_2 \rangle$，那么积的状态转移集合 E 中包含转移 $\langle (s_1, s_2), a, \varphi_1 \wedge \varphi_2, \lambda_1 \cup \lambda_2, (s'_1, s'_2) \rangle$。

（2）如果输入标记 $a \in \Sigma_1 \setminus \Sigma_2$，并且 E_1 中对应的每一个转移为 $\langle s, a, \varphi, \lambda, s' \rangle$，$L_2$ 中对应的每一个状态为 t，那么积的状态转移集合 E 中包含转移 $\langle (s, t), a, \varphi, \lambda, (s', t) \rangle$。

（3）如果输入标记 $a \in \Sigma_2 \setminus \Sigma_1$，并且 E_2 中对应的每一个转移为 $\langle s, a, \varphi, \lambda, s' \rangle$，$L_2, L_1$ 中对应的每一个状态为 t，那么积的状态转移集合 E 中包含转移 $\langle (t, s), a, \varphi, \lambda, (t', s) \rangle$。

这样，积的状态是一个复合状态，它由成员状态组成，用相同的标记同步转移可以得到状态，而复合状态的不变式则可通过联合各成员状态不变式得到。积的转换系统等价于成员转换系统的积，即 $S_{A1 \parallel A2}$ 和 $S_{A1} \parallel S_{A2}$ 同型，这点很容易检验。所以，积的时间转换系统和成员转换系统是一样的，它的同步不仅体现在有公共标记的事件转移上，而且体现在时间流逝量上。图 3-1 是一个说明时间自动机积的构造的例子。

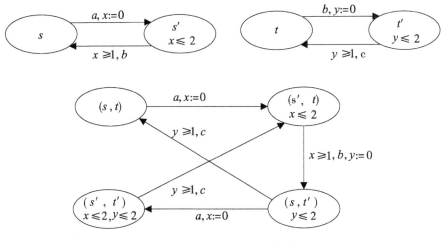

图 3-1　时间自动机积的构造

如果某个含位置 s 的状态 q 是转换系统 S_A 的一个可达状态，那么就说时间自动机 A 的这个位置 s 是可达的。可达性问题就是验证目标状态是否可达的问题，它以时间自动机 A 和一个关于 A 的目标位置的集合 $L^F \subseteq L$ 作为输入。对实时系统的安全性验证可以转化为对时间自动机的可达性分析问题。也就是说，一个复杂实时系统是否满足某个性质等价于在成员时间自动机的积上某个对应位置是否能够到达。

3.3.2　UPPAAL 介绍

虽然存在各种各样的使用时间自动机作为模型的工具来描述和验证实时系统，但是使用 UPPAAL 显著快于其他实时验证工具。它还可以验证更复杂的系统，如混杂系统。因此，它在实时系统的模型验证中具有举足轻重的地位。在本章将用到自动验证工具 UPPAAL，相关介绍如下。

实时系统的模型验证问题可判定的一个主要原因是可以将无穷多个时钟解释离散化，划分成有限的域，而同一个域的时钟要具备或者满足相同的性质。但是，复杂系统求积可能会面临时间自动机状态空间爆炸问题。UPPAAL 是一个面向实时系统的工具，它可以完成建模、确认和验证工作，经过不断地修改和完善，它从模型的化简，到对增加数据共享方面的改进

（clock difference diagram，CDD）[128]等，实现了基于 DBM（difference bounded matrix）[129]的前向及后向搜索过程。同时，验证过程存在多种优化选项，如活动时钟约简（active clock reduction）、压缩存储管理（compact memory management）、外推抽象（extrapolation abstraction）、状态空间复用（reuse）等。它已经成为用于工业、科研领域较为成熟的工具。

UPPAAL 由 Aalborg 大学和 Uppsala 大学于 1995 年联合开发，并不断完善至今，目前商用的最新版本是 UPPAAL4.0.12。它主要用带有整形变量的时间自动机对实时行为建模并验证相关性质。UPPAAL 非常适合描述非确定的并行过程的积的系统[130,131]，过程用时间自动机来描述，过程间的通信依靠管道和（或者）共享变量来实现，管道可以保证不同进程对应的自动机中的转换同时发生。通过快速搜索机制 UPPAAL 可以实现对时钟约束和可达性的验证。另外，由于使用缓解状态空间爆炸问题[19]的模型验证，UPPAAL 可以验证更复杂的系统。因为高效且使用方便，UPPAAL 已在诸多领域得到应用。

UPPAAL 的图形化用户界面包括系统编辑器（system editor）、模拟器（simulator）和验证器（verifier），可以支持 Windows、MACOS、Linux 等多种系统。

在系统编辑器里可以创建和编辑待分析的系统，在这里系统被描述为若干个过程模板、若干个全局声明、过程分配及一个系统定义。模拟器检查系统模型所有可能的执行序列以便在验证前发现错误，它实质上是一个确认工具。验证器可以快速搜索系统的状态空间来检查安全性、时钟约束和活性等。另外，验证器还提供需求规范编辑器来支持系统要求的规范和文件。

UPPAAL 中使用时间自动机作为模型并对其进行了扩展。首先用户可以定义一般值变量、全局时钟和用于同步的管道（channel）。变量的使用会导致数值约束，因此 UPPAAL 中存在三种形式的约束，如下式所示。

g:: =g_ clock ‖ g_ data ‖ g, g

g_ clock:: =x<n ‖ x<=n ‖ x= =n ‖ x>=n ‖ x>n

g_ data:: =ex<=ex ‖ ex<ex ‖ ex= =ex ‖ ex! =ex ‖ ex>=ex ‖ ex>ex

ex∷ =n ‖ v［ex］ ‖—ex ‖ ex+ex ‖ ex—ex ‖ ex * ex ‖ ex/ex ‖
(g_ data? ex; ex)

另外，UPPAAL 中增加了紧迫管道（urgent channel）、紧迫位置（urgent location）和约束位置（committed location）。所谓紧迫管道就是指当这个转换发生时，它无延迟，时钟约束不能出现在紧迫管道对应的转换上，但是变量约束可以出现。所有的位置都有时间约束，但在紧迫位置和约束位置没有时间延迟，使用紧迫位置可以减少模型的时钟个数，降低分析的复杂度。对约束位置而言，下一个转换必须即刻离开，执行不消耗时间，使用约束位置可以明显地缩减状态空间，但它可能会导致死锁，所以需要慎重使用。

值得一提的是，UPPAAL 为验证提供了一种 BNF 语法，验证性质可以表示为 Prop∷ =A［］p ‖ E<>p ‖ E［］p ‖ A<>p ‖ p→q。BNF 支持对活性、死锁、安全及相应性质的描述。其具体逻辑语义如下：

E<>p 代表 Possible，E<>p 可满足，当且仅当在转换系统中存在一条路径序列 $s_0 \to s_1 \to \cdots \to s_n$。其中，$s_0$ 是初始状态，使得性质 p 在状态 s_n 是满足的。

A［］p 表示所有路径所有状态 p 为真，即 Invariantly，它等价于 not E<>not p。

E［］p 代表 potentially always，在一个转换系统中，E［］p 为真，当且仅当存在一个路径序列 $s_0 \to s_1 \to \cdots \to s_i \to \cdots$；这个序列无穷或者在状态 (ℓ_n, v_n) 终止，使得逻辑表达式 p 在该状态序列中所有状态 s_i 下可满足。注意，对任意的 d，(ℓ_n, v_{n+d}) 满足 Inv(ℓ_n) 并且 p 为真，或者从 (ℓ_n, v_n) 出发没有新的转移。

A<>p 代表 Eventually，它和 not E［］not p 等价。

p→q 代表 Lead to，它和 A［］（P imply A<>q）等价。

3.4　实时构件的建模

构件是一个具有一定功能的计算或数据逻辑单元，它由构件接口和构件实现所组成。构件接口包括一组说明构件与外界环境交互的动作集合和说明构件动态行为的功能描述。构件实现是构件接口行为的实现。本节将给出一个对构件的交互行为和实时约束特征及构件体系结构的层次关系进行形式化描述的实时构件模型。

为了对构件的交互行为建模，下面引入动作的定义。

定义 3.6（动作）　动作是构件接收和发出的方法调用事件或者是构件接收和发出通信通道的消息的行为，可分为输入动作、输出动作、内部动作和空动作。空动作表示时间的流逝，而不是方法调用事件或者收发消息的行为。

符号'!''?'分别表示输出和输入动作。符号'!'表示方法调用或者向通信通道发送消息，而符号'?'表示方法被调用或者接收通信通道的消息。

定义 3.7（实时构件的模型 RCM）　实时构件 P 的模型可以表示为一个十一元组：

$<ID_P, A_P^I, A_P^O, A_P^H, \Sigma, L, L_0, X, I, E, H>$。其中：

（1）ID_P 是构件 P 的标识。

（2）A_P^I、A_P^O、A_P^H 是互不相交的三个集合，分别表示构件 P 输入动作集合、输出动作集合和内部（隐藏）动作集合；输入动作用来表示被调用的方法或接收通信通道的消息，输出动作用来表示所调用的外界环境方法或其向通信通道发送的消息；内部动作是构件内部的信息交互，对外界不可见。

（3）Σ 是一个有穷标记集合，$A_P^I \cup A_P^O \cup A_P^H = \Sigma$。

（4）L 是有穷位置的集合。

（5）$L_0 \subseteq L$ 是初始位置集合。

（6）X 是有穷时钟的集合。

（7）I 代表一个映射关系，它给位置集合 L 中的每个 ℓ 分配 $\Phi(X)$ 中的一个时钟约束。

（8）$E \subseteq L \times L \times \Sigma \times 2^X \times \Phi(X)$ 表示一个转移集合。$<\ell, \ell', a! /a?, \lambda, \delta>$表示当输入动作 $a! /a?$ 时，从位置 ℓ 到位置 ℓ' 的一个转移。δ 是时钟 x 上的一个约束，转移发生时它必须被满足；$\lambda \subseteq X$ 表示在当前转移发生

时复位的时钟集合。

（9）H 是该构件的构件组合信息，$H = (P_1, P_2, \cdots, P_n)$，表示 H 有 n 个元素，构件 P 由构件 P_1, P_2, $\cdots$, P_n 组装而成；特殊情况，$H = (P)$ 表示 H 仅有一个元素。

实时构件模型 A 的语义是用它对应的转移系统 S_A 的运行来定义的。S_A 用二元组 (ℓ, v) 表示一个运行状态。其中，ℓ 是 A 的位置集合中的一个元素，v 是时钟 x 的一个解释，满足不变式 $I(L)$。A 的全部运行状态的集合为 Q_A，A 的初始状态 (ℓ, v) 可表示为 $(\ell_0, 0)$。其中，$\ell = \ell_0$，$v(x) = 0$。

对 S_A 运行中的状态有如下三种转移类型：

（1）由于时间流逝，没有任何动作引起状态发生转移。对某个状态 (ℓ, v) 和一个非负的实数型时间增量 d≥0，如果对所有的 $0 \leqslant d' \leqslant d$，$v + d' \in I(\ell)$，则有 $(\ell, v) \xrightarrow{\ d\ } (\ell, v+d)$。

（2）由于满足事件要求，有动作发送而发生状态转移。对于状态 (ℓ, v) 和转移$<\ell, \ell', a!, \lambda, \delta>$，如果有 $v \in \delta$，那么有 $(\ell, v) \xrightarrow{\ a!\ } (\ell, v[\lambda: =0])$。

（3）由于满足事件要求，有动作接收而发生状态转移。对于状态 (ℓ, v) 和转移$<\ell, \ell', a?, \lambda, \delta>$，如果有 $v \in \delta$，那么有 $(\ell, v) \xrightarrow{\ a?\ } (\ell', v[\lambda: =0])$。

因此，S_A 是具有标记集 $\Sigma \cup IR^+$ 的转移系统。

实时构件模型的时钟约束 $\delta \in \varPhi(X)$ 表示构件交互行为的时间约束信息。构件模型中的时钟约束 δ 和复位的时钟集合 $\lambda \subseteq X$ 被用于限制实时构件交互行为，也就是综合考虑当前位置的时钟值和前一位置相关的复位时钟集合的信息得出当前位置的时钟解释值满足当前位置的时钟约束时，行为对应的转移才可以发生。

若系统的功能由构件 P_1, P_2, $\cdots$, P_n 组装实现，则系统模型可以看作对应的实时构件模型的网。(Σ, X) 上实时构件模型的网 $A_1 \parallel \cdots \parallel A_n$ 被定义为 n 个在 (Σ, X) 上的构件模型的并行组装（parallel composition），即

n 个实时构件模型的积。

定义 3.8（实时构件模型的积）　设 $<\mathrm{ID}_{\mathrm{P1}}$, $A_{\mathrm{P1}}^{\mathrm{I}}$, $A_{\mathrm{P1}}^{\mathrm{O}}$, $A_{\mathrm{P1}}^{\mathrm{H}}$, Σ_1, L_1, L_{01}, X_1, I_1, E_1, $H_1>$ 和 $<\mathrm{ID}_{\mathrm{P2}}$, $A_{\mathrm{P2}}^{\mathrm{I}}$, $A_{\mathrm{P2}}^{\mathrm{O}}$, $A_{\mathrm{P2}}^{\mathrm{H}}$, Σ_2, L_2, L_{02}, X_2, I_2, E_2, $H_2>$ 是实时构件 P_1 和 P_2 的两个模型，假设时钟集合 X_1 和 X_2 不相交，那么构件 P_1 和 P_2 的两个模型的积记为 $A_1 \parallel A_2$，形式如下：$<\mathrm{ID}_{\mathrm{P1} \parallel \mathrm{P2}}$, $A_{\mathrm{P1}}^{\mathrm{I}} \cup A_{\mathrm{P2}}^{\mathrm{I}}$-*common* $(P_1 \parallel P_2)$, $A_{\mathrm{P1}}^{\mathrm{O}} \cup A_{\mathrm{P2}}^{\mathrm{O}}$-*common* $(P_1 \parallel P_2)$, $A_{\mathrm{P1}}^{\mathrm{H}} \cup A_{\mathrm{P2}}^{\mathrm{H}} \cup common$ $(P_1 \parallel P_2)$, $\Sigma_1 \cup \Sigma_2$, $L_1 \times L_2$, $L_{01} \times L_{02}$, $X_1 \cup X_2$, I, E, $(H_1, H_2)>$。其中，common $(P_1 \parallel P_2) = (A_{\mathrm{P1}}^{\mathrm{I}} \cap (A_{\mathrm{P2}}^{\mathrm{O}}) \cup (A_{\mathrm{P2}}^{\mathrm{I}} \cap A_{\mathrm{P1}}^{\mathrm{O}})$, $I(\ell_1, \ell_2) = I(\ell_1) \wedge I(\ell_2)$，积的状态转移集合 E 的构造同时间自动机的积的状态转移集合构造。

3.5　构件行为相容性分析

基于构件的软件开发将系统功能分解，由若干个构件组合在一起实现。相容性验证对处于同一层次上的构件交互进行验证以发现构件组装中的错误。

3.5.1　常见相容性错误

为了分析相容性，需要先分析构件组合中常见的错误，并对这些错误进行归纳分类。

贾仰理等根据实时行为协议的特点定义了几种构件相容性错误[132]。

（1）停止推进：两个构件组装时出现都不能发出事件调用，同时又都不能终结的情况，这时构件运行进入停滞状态。停止推进本质上是一种死锁（Deadlock）错误。这在基于时间自动机的模型中可以通过对 A［］not deadlock 的验证表明系统有没有死锁。

（2）冗余：构件 P 发出事件请求，同时有 Q 和 R 两个构件都可以响应该事件请求，此种情况我们认为产生了构件组装冗余错误。这个问题在设计阶段对功能模块划分时就可以解决。

（3）无效活动（bad activity）：当构件 P 发出请求（调用）信息时，构件 Q 或者没有相应的行为去响应，或者响应行为和请求事件的时效性要求不一致，这种情况就是无效活动。金仙力也重点强调了这种构件实时系统的不相容行为[28]。本章主要对这种行为不相容进行分析。

3.5.2　不相容的构件行为在 RCM 模型上的形式化表示

当前一个构件中的活动状态的输出动作发生时另一个构件的活动状态不存在与之对应的输入动作，这两个构件的行为就是不相容的。这种不相容在由构件 P 和 Q 组装的系统的 RCM 模型上表现为：对于行为 a 或者说通道 a，有 $a! \in A_P^0 \wedge a? \notin A_Q^I$ or $a! \in A_Q^0 \wedge a? \notin A_P^I$。实时系统的行为不相容往往是因为时钟约束的不一致造成的。

构件模型的网 $A_1 \| \cdots \| A_n$ 被定义为这 n 个构件 RCM 模型的并行组装。从语义上来讲，这个网描述了要求所有构件之间延迟变迁同步和离散变迁在互补动作上同步所得的系统。所以，构件行为相容性问题就等价于在由这些构件组装的系统模型上互补动作是否能在共有通道上同步。

3.5.3　构件行为相容性验证

本节用模型检测技术来进行验证，并且解释构件相容性问题怎样能用有自动工具支持的可达性分析来解决。

1. 动作同步规则

定义 3.9（动作同步规则）　动作同步规则就是所有互补动作都必须真正同步。

不满足动作同步规则的构件组装系统，一定存在行为不相容。

定义 3.10（AS-pair）　为检验构件行为相容性，假设模型边的数目是可数的。e_i 是边的序号。用（a，e_i，e_j）代表通道 a 的 AS-pair，e_i、e_j 分别是动作 a! 和 a? 被定义的边。

如果边 e_i 和 e_j 上定义的互补动作可以同步，那么它们对应的 AS-pair 是有效的。如果对于构件组装系统所有的 AS-pair 是有效的，那么系统就满足动作同步规则。注意，a! 或 a? 可能不止在一条边上定义过，所以要考虑所有的互补动作组合。

AS-pair（a，e_i，e_j）中 a 是通道，即用于同步的管道，e_i、e_j 分别是

动作 a！和 a？被定义的边，AS-pair（a，e_i，e_j）是否有效也就是说动作 a！和 a？是否能同步，那么，在系统的模型中也就是验证性质 P："有一条路径同时包含 e_i 和 e_j 这两条边"是否成立。在系统模型中，如果存在一个序列 $s_0 \rightarrow s_1 \rightarrow \cdots \rightarrow s_n$，使得 s_0 是开始状态，状态之间的转移序列同时包含 e_i 和 e_j 这两条边，则 s_n 就是性质 p 为真的可达状态。这样，AS-pair（a，e_i，e_j）是否有效的问题就转化为可达性验证问题，具体实现方法将在下节介绍。

现实世界很多系统的行为是非确定和并发的。在 UPPAAL 中系统可以用非确定进程的集合来模拟，并且进程通过共有通道交互。所以以上的定义是合适的，并且模型检测工具 UPPAAL 很适合于描述此类系统。

2. AS-pair 有效性验证

一个 AS-pair（a，e_i，e_j）是否有效可以通过以下方法来验证：

（1）为所有的 AS-pair 中不同的边定义一个布尔类型的数组，数组大小为不同边的数目，数组初始值为 false。

（2）对每条边 e_i 赋值 array［i］：=true。

（3）将 AS-pair（a，e_i，e_j）是否有效的问题转化为验证这个 AS-pair 中所有的边对应的数组变量是否为真的可达性质。用 UPPAAL 的基于 BNF 语法的性质描述语言（BNF 是 CTL 的子集）描述这个性质就是 E <> （array［i］= =true and array［j］= =true）。

（4）在 UPPAAL 的验证器中验证以上性质表达式是否为真。

为了满足动作同步规则，可达性验证要对所有的 AS-pair 进行以保证所有的 AS-pair 有效。下面给出行为相容性验证算法：

输入：组装的实时构件模型 <ID_P，A_P^I，A_P^O，A_P^H，Σ，L，L_0，X，I，E，H>

输出：相容性验证结果。

（1）for（E 中的每个迁移：<ℓ，ℓ'，a！/a？，λ，δ>）;

（2）标记边序号 $e_i \in$ Edge；

（3）for（每个 $a \in A_P^H$）;

（4）for（每个 a！被定义的边 e_i）;

(5) for（每个 a? 被定义的边 e_j）；

(6) 生成 AS-pair（a，e_i，e_j），并加入集合 AP；

(7) for（每个 $e_i \in$ Edge）；

(8) array［i］：=true；

(9) for（每个 AS-pair $\in$ AP）；

(10) 验证 E<>（array［i］= =true and array［j］= =true）；

(11) if 返回 true，转（10）；

(12) else 输出 H 中构件组装行为不相容信息。

3.6　实例分析

温州高铁事故和上海地铁事故充分说明了交通实时控制系统的复杂性和多变性，这类系统必须精确设计、周密验证，否则就会导致灾难性的后果。同时，新的软件开发技术和思想引入传统行业会面临新的问题，对系统进行安全检验的重点环节和检验思路也应改变。下面通过组装一个简单的道岔系统来演示本章介绍的构件组装实时系统的建模和行为相容性分析方法。

道岔处轨道的转辙有如图 3-2 所示的多种情况[33]，本章考虑图 3-2（c）所示的最基本的转辙，其他类型只需在本章模型上简单增加一些控制信息即可实现。

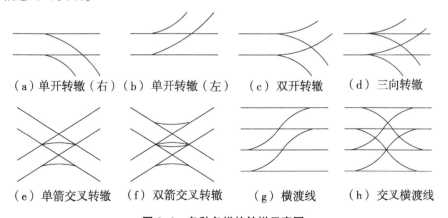

（a）单开转辙（右）（b）单开转辙（左）　（c）双开转辙　（d）三向转辙

（e）单箭交叉转辙　（f）双箭交叉转辙　　（g）横渡线　　（h）交叉横渡线

图 3-2　各种各样的转辙示意图

系统被定义为 Train、Turnout、Controller 和 Queue 的组合。系统满足的规则如下：

（1）道岔是独享资源，每次只允许一个车通过。

（2）列车进入道岔前，发出表示其已靠近的信号 Approach，并声明将要通过的轨道号；列车安全通过道岔后，向控制器发出离开消息 Exit。

（3）在列车发出靠近信号 Approach 后，控制器需要判断道岔是否空闲。如果已经被占用，它需要立即向列车发送停车消息 Stop，列车等待；否则，控制器发出有关扳道的信息给道岔，并在不超过 10 秒的时间内给列车发出通过的消息 go。

（4）任何允许的位置道岔都可以停留，当它接收到从控制器发送的相应扳道信息 tum 后在 10 秒的时间内完成扳道，发出就绪信号 ready。

（5）列车通过道岔的时间不能超过 5 秒，当它通过道岔后，发出离开信号 exit。控制器收到离开信号 exit 后，如果接下来还有列车在等待进入道岔，控制器发出相应的扳道信息，在不超过 10 秒的时间内发出 go 消息给等待的列车；如果没有任何列车等待通过道岔，那么控制器就回到空闲状态。

（6）对多列车的请求，遵循先来先服务原则进行调度。

道岔控制所涉及的主要是控制器、列车、道岔和队列四个并列的过程模型，它们之间的关系如图 3-3 所示。

各成员自动机之间除了通过同步转换的标记传递信息外，还使用全局变量进行通信，如变量 ord 在 Train 发出 appr 消息时，记录列车 id，将 id 记录入 Queue 队列，并在该列车的 id 处于队头时，将 id 取出，由 Controller 给相应列车发出 go 信号。

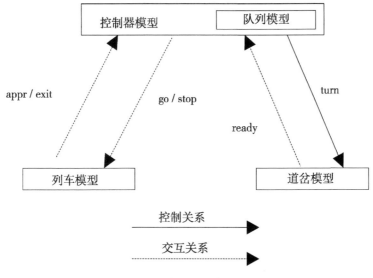

图 3-3　模型之间的关系图

模型中的主要位置和事件（标记）及其含义如表 3-1 所示。

表 3-1　模型中主要位置和事件

	Train		Turnout		Controller		Queue	
主要位置	Appr	到达	Rail1	处于轨道 1	notem	有车等待	shift	移位
	Wait	等待	Rail2	处于轨道 2	emp	道岔空闲		
	Cross	通过	Turn1	扳至轨道 1	turn	正在扳道		
	Exit	离开	Turn2	扳至轨道 2	cross	列车通过		
主要事件	appr	到达	ready	扳道就绪	go	通过	empty	队列空
	exit	离开			stop	停止	notempty	队列非空
					turn1	扳至轨道 1	gt	取得优先级最高列车的轨道
					turn2	扳至轨道 2		
					add	入队列	gid	取得优先级最高列车的 id
					rem	出队列		

模型 Train 和 Controller 通过四个信号 appr（列车到达）、exit（列车离开）、go（通过）、stop（等待）交互，列车 id 和所选方向则是通过参数和全局变量传递的。Controller 中道岔空闲用初始位置 Idle 表示，没有列车用位置 empty 表示，正在扳道用 turn 表示，列车正在通过用 pass 表示。在这几个位置中任何一个接收到 appr 信号后都要做出响应。其余的位置则为无时间延迟的紧迫位置，它们不会接收到 appr 信号。Turnout 通过 ready 信息通知 Controller 扳道完成。表示正在扳道的位置 turn2 和 turn1，用不变式保证扳道完成时间。为记录列车到达的先后次序及各自要达到的轨道，Queue 分别用数组 list［i］和 type［i］模拟队列，Controller 则通过 add（入队列）和 rem（出队列）来控制。

整个系统的工作流程为 Train 发送 appr，然后 Controller 发送 add 给 Queue 信号，如果此前 Queue 非空，那么 Controller 立即发送 stop 给相应的 Train。然后，根据 FIFO 原则从 Queue 中取出优先级最高的列车和轨道对应的 id，并发送扳道信息。当扳道结束后，Controller 发送 go 给相应的列车。列车通过后，如果队列空，返回 Idle；否则，Controller 继续对其他列车重复调度过程。

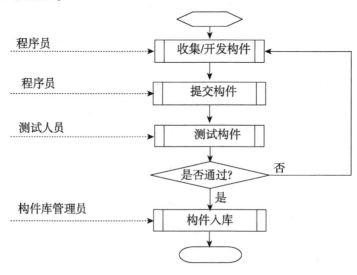

图 3-4　构件的发布流程

从构件库中选取合适的构件组装上述道岔系统。公共软件构件库系统是河南"863"软件专业孵化器建设的软件开发公共技术支撑体系的其中一项，构件的开发和管理基于北大青鸟开发的公共软件构件库管理系统，它为企业进行基于构件的软件开发提供了很好的支持。图3-4是公共软件构件库系统构件的发布流程。

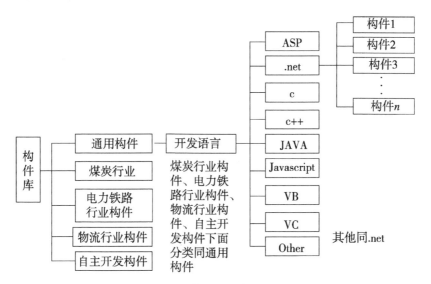

图3-5 构件库分类结构图

表3-2是构件库系统内提交构件所用的模板。

表3-2 提交构件所用的模板

构件名称	［构件的名称］
功能描述	［描述构件的功能］
适用范围	［用来说明该构件所能用到的范围和限制］
来源	［构件的来源，如公司内部开发或从网上下载］
接口说明	［说明怎么来使用该构件］
实现体	［构件本身的运行体（可以是源代码、bean、com 组件、dll 等格式）］

续表

构件名称	[构件的名称]
相关文档	[包括需求文档、设计文档、源代码（如果构件实现体不是源代码）、相关测试用例和记录及其他说明性文档]
备注	上面提到的说明文档可加附件

目前构件库中已有拥有自主知识产权的构件资源近 1500 个，所涉及的应用领域主要是煤炭行业、电力铁路行业、物流行业等。构件库分类结构如图 3-6 所示。

构件的收集开发情况如表 3-3 所示。

表 3-3　构件的开发收集数量表

构件所属领域	构件数量
通用构件	2016
煤炭行业	20
电力铁路行业	26
构件所属领域	构件数量
物流行业	17
自主开发	62
合计	2141

从构件库中选择实现控制器、列车、道岔和队列功能的构件。对它们建模，得到系统的成员构件模型分别为 Train（列车）、Turnout（道岔）、Controller（控制器）和 Queue（队列），表示如下：

$C1 = ($ Train, $\{$ stop, go $\}$, $\{$ appr, exit $\}$, $\{\varnothing\}$, $\{$ stop?, go?, appr!, exit! $\}$, $\{$ Start, Appr, Wait, Cross, Exit $\}$, $\{$ Start $\}$, $\{x\}$, I, E, (C1)$))$。其中，I 和 E 等信息如图 3-6 所示。

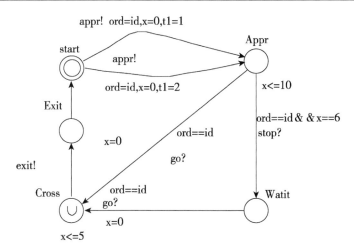

图 3-6　**Train** 的时间自动机模型

C2 =（Trunout,｛turn1, turn2｝,｛ready｝,｛∅｝,｛turn1?, turn2?, ready!｝,
｛Rail1, Rail2, Turn1, Turn2｝,｛Rail1｝,｛z｝, I, E,（C2））。其中, I 和 E 等信
息如图 3-7 所示。

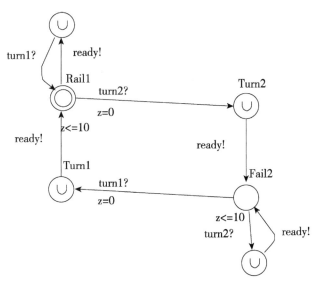

图 3-7　**Turnout** 的时间自动机模型

C3 = (Controller, { empty, notempty, appr, ready, gid, exit }, { add, turn1, turn2, gt, stop, gid, go, rem }, { Ø }, { empty?, notempty?, appr?, ready?, gid?, exit?, add!, turn1!, turn2!, gt!, stop!, gid!, go!, rem! }, { idel, notem, turn, cross, idle }, { idel }, { t }, I, E, (C3))。其中，I 和 E 等信息如图 3-8 所示。

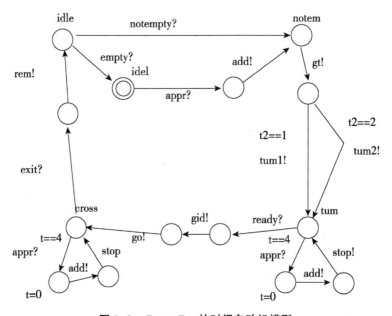

图 3-8　Controller 的时间自动机模型

C4 = (Queue, { add, gt, gid, rem }, { empty, notempty }, { Ø }, { add?, gt?, gid?, notempty!, empty!, rem? }, { idel, shift }, { idel }, { Ø }, I, E, (C4))。其中 I 和 E 等信息如图 3-9 所示。

在模型中，以"!"结尾的符号表示在向外发送此信号时转换发生，以"?"结尾的符号表示从外部接收到此信号时转换发生，这样就可以实现各个模型中相同的转换能够同步发生。那么，整个系统就是四者之积：Train ‖ Turnout ‖ Controller ‖ Queue，即 H =(C1, C2, C3, C4)。

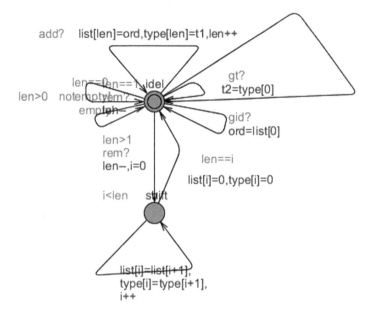

图 3-9　Queue 的时间自动机模型

以上构件模型用 UPPAAL 可以自动构造它们转换系统的积，即系统模型对应的转换系统。系统的内部动作 $A_{Train \parallel Turnout \parallel Controller \parallel Queue}^{H}$，即 13 个通道：appr，go，exit，stop，ready，turn1，turn2，add，rem，empty，notempty，gt，gid。

从以上内容可以看出，本章提出的构件模型相对于 Alagar V 和 Moham-mod M. 给出的构件模型[111]，表述直观简单，最主要的是有实用工具的支持。另外，它弥补了实时 CORBA 不支持构件行为形式化描述的不足。

用以上的方法为这 14 个通道验证所有的 AS-pair。验证结果显示有两个无效的 AS-pair：（stop，e_{23}，e_3）和（stop，e_{29}，e_3）。e_{23} 和 e_{29} 代表 stop! 被定义的边，e_3 是 stop? 被定义的边，stop! $\in A_{Controller}^{O}$，stop? $\in A_{Train}^{I}$。这意味着构件 Train 和构件 Controller 行为不相容，由以上构件组装的系统不满足动作同步规则。

图 3-10 是在验证器中实验时得到的部分结果。

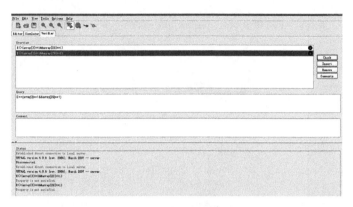

图 3-10　系统的验证结果

重新从构件库中选择实现列车和控制器功能的构件，对其过程建模，得到构件模型分别如下。

$C1' = (\text{Train}, \{\text{stop}, \text{go}\}, \{\text{appr}, \text{exit}\}, \{\varnothing\}, \{\text{stop}?, \text{go}?, \text{appr}!, \text{exit}!\},$ $\{\text{Start}, \text{Appr}, \text{Wait}, \text{Cross}, \text{Exit}\}, \{\text{Start}\}, \{x\}, I, E, (C1'))$。其中，$I$ 和 E 等信息如图 3-11 所示。

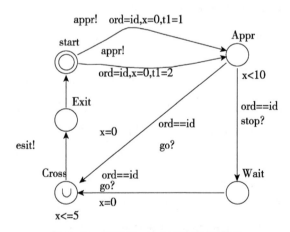

图 3-11　新的 Train 时间自动机模型

$C3' = (\text{Controller}, \{\text{empty}, \text{notempty}, \text{appr}, \text{ready}, \text{gid}, \text{exit}\}, \{\text{add}, \text{turn1},$ $\text{turn2}, \text{gt}, \text{stop}, \text{gid}, \text{go}, \text{rem}\}, \{\varnothing\}, \{\text{empty}?, \text{notempty}?, \text{appr}?, \text{ready}?, \text{gid}?,$

exit?，add！，turn1！，turn2！，gt！，stop！，gid！，go！，rem！｝，｛idel，notem，turn，cross，idle｝，｛idel｝，｛t｝，I，E，（C3′））。其中 I 和 E 等信息如图 3-12 所示。

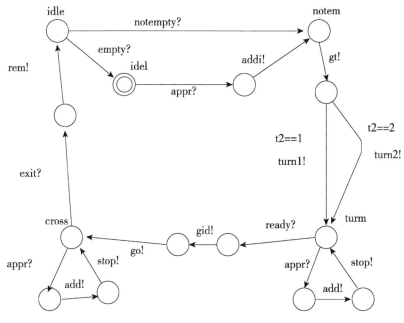

图 3-12　新的 Controller 时间自动机模型

用 3.5 节定义的方法，重新验证新系统所有的 AS-pair。验证结果显示新的构件组装的系统满足动作同步规则。

从以上实例可以看出，因为本章提出的构件模型相对于工业界代表性的通用构件模型，如 Microsoft 的 COM/DCOM、OMG 的 CORBA 和 Sun 的 Java Bean、EJB 等不仅仅能从语法层次上描述构件，在语义层面也有支撑，对构件行为也进行了形式化描述，所以在此基础上的行为相容性分析方法可以发现目前主流构件技术无法发现的行为不相容，并可以定位不相容行为，便于排错。相对于金仙力博士提出的相容性分析方法[28]，本章的方法检测出了同样的行为不相容，并且自动化程度更高。

3.7　相关工作比较

目前，对构件模型和交互行为进行分析的研究有很多。Sun 的 Java Bean、EJB 等[7]，目前还仅仅是语法层次上对构件的描述，在语义层面及适应性层面的支撑还有一定的欠缺。另外，普遍缺乏对构件行为的形式化描述；Rapide 用事件的偏序集合来刻画构件之间的行为，但它缺乏行为组装推导机制并且描述比较复杂；P. Inverardi 和 A. L. Wolf. 用化学抽象机模型形式化描述和分析体系结构[116]，它定义了构件对外交互的必要条件，但并未对构件行为相容性进行研究；SOFA 给出了构件协议级可替换的必要条件，但未对构件行为相容性进行研究；贾仰理等对 SOFA 构件模型的行为协议进行实时扩展[132]，提出了时间行为协议 TBP 并基于此对实时构件行为相容性进行分析，但它缺乏适用工具的支持；金仙力用层次时间自动机（HTA）描述构件[28]，用多集标号迁移系统（MLTS）描述 HTA 的接口行为来进行实时系统构件组装验证，但是这种方法需要手工构造每个构件 HTA 模型对应的 MLTS，这很难在现实中应用。

本章提出的实时构件模型 RCM 能对构件的交互行为和实时约束特征及构件体系结构的层次关系进行形式化描述。RCM 具有良好的形式化基础，语法语义定义完整，对带时间的并发进程表达清晰简洁，可以在构件系统的分析设计中提供构件行为实时属性和构件层次关系的形式化描述，减少开发人员对系统行为理解上的歧义，并可以为复杂交互行为的形式化验证提供基础。同时，本章把构件行为相容性检验转化为可被模型检测分析的可达性，然后用模型检测工具的验证功能自动给出结果，弥补了上述研究的不足。

3.8　本章小结

实时系统各组成构件之间交互频繁，时序行为也很复杂，构件组装不但要求构件接口声明的参数匹配而且要求构件的行为是相容的，因为可能存在两个构件间的动作执行不一致。但是将它们组合到一起时却常常会出现构件间动态交互行为不相容等各种难以预计的错误。本章对主流构件模型进行分析，在对时间自动机进行扩展的基础上，提出了描述实时构件的模型 RCM，然后分析了常见的几种构件相容性错误，并提出一种基于 RCM 的实时构件行为相容性验证方法。本章用构件模型 RCM 描述基于构件的实时系统，构件行为相容性问题等价于在系统的模型上互补动作是否可以在共有通道上同步的问题。因此把构件行为相容性检验转化为可被模型检测分析的可达性，然后用模型检测工具的验证功能给出结果。最后通过组装一个简单的铁路道岔系统，展示了这个方法及其效果。下一章将在本章工作的基础上进一步分析测试用例生成问题。

第4章 实时系统测试用例产生

4.1 问题背景

测试是保证软件产品可靠性和正确性的传统手段。软件测试就是"使用人工和自动手段来运行或测试某个系统的过程,其目的在于检验它是否满足规定的需求或是弄清预期结果与实际结果之间的差别",即测试是为了发现错误而执行程序的过程。图4-1是软件测试的一个模型。

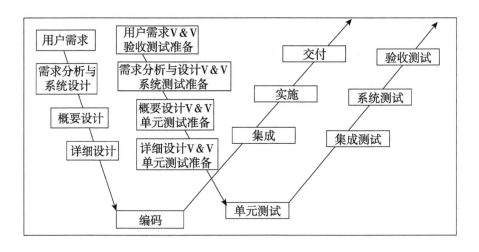

图4-1 W模型

按测试方式分类,可以把不关心软件内部实现的测试通称为"黑盒测试"。反之,将依赖软件内部实现的测试通称为"白盒测试"。黑盒测试的主要依据是"需求"，而白盒测试的主要依据是"设计"。

按测试阶段分类，测试可分四个主要阶段：单元测试、集成测试、系统测试和验收测试。图4-2给出了软件测试与开发各阶段的关系。

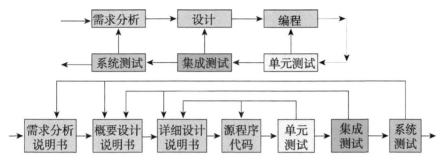

图4-2　软件测试与开发的关系

按测试类型分类，测试可分为功能测试、性能测试和安全测试等，图4-3和图4-4分别给出了功能测试和性能测试的流程。

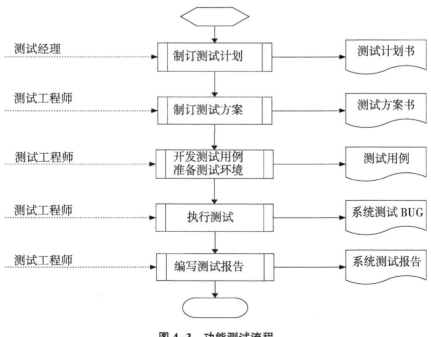

图4-3　功能测试流程

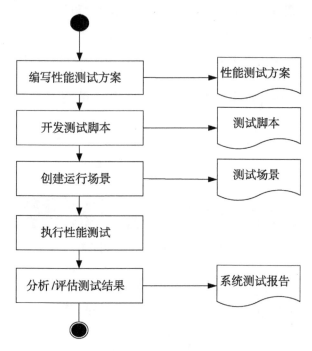

图 4-4　性能测试流程

模型检测是自动验证并行或者分布式系统性质的算法和方法。模型检测方法的应用对象是有限状态并发系统[83]。该方法最初主要用于硬件和协议的验证，但近年来，也被用来分析软件系统的规范。模型检测的基本思想是用状态空间穷尽搜索的方法来检测一个给定的模型是否满足某个模态/时序逻辑公式所表示的性质。这样"系统是否具有所期望的性质"对有限状态系统就是一个可判定的问题，这意味着计算机程序可以在有限时间内自动给出这个问题的答案。

和模型检测不一样，测试是对选定的一组有代表性的输入数据集，在给定的环境下运行系统，对于所产生的输出值与预期值进行比较分析，以判断系统是否有错误。测试的主要局限性在于：对给定数据集通过了测试并不能保证在实际运行中对其他输入（甚至是与给定数据集非常相似的输入）不发生错误。而模型检测与测试不同，它不是针对某组输入，而是面向某类性质来检测系统是否合乎规约。在系统不满足所要求的性质时，模型检测算法会产生一个反例（一般是一条执行路径）来说明原因。这一功能与测试有异曲同工之处。

测试用例是为某个特殊目标而编制的一组测试输入、执行条件及预期结果，以便测试某个程序路径或核实是否满足某个特定需求。因此，测试用例是软件测试的核心，测试用例构成了设计和制定测试过程的基础，是软件测试工作的指导和必须遵守的准则，更是软件测试质量稳定的根本保障。

使用模型检测生成测试用例的研究一直较为活跃。Ammann 和 Black 结合变异分析和模型检测生成基于规约的测试用例[133]，该方法使用一个模型检测器来生成适当的变异测试套件，通过将变异算子系统地应用到性质规约和操作规约上来，分别产生正确实现能通过的正测试用例和正确实现不能通过的反测试用例。另外，它还为测试套件定义了一个基于规约的覆盖度量，即被测试套件终止的变异数与变异总数的比率。Gargantini 和 He-itmeyer 等提出一种从 SCR 表示的需求规约生成测试用例的方法。他们参照分支覆盖测试标准定义一组"陷阱"性质在模型检验中捕获相应的反例，而这些反例就是满足相应测试覆盖标准的测试用例[134]。梁陈良等利用模型检测从源代码生成类测试用例[135]。Hong 和 Lee 等人提出一个形式化的理论框架，使用时序逻辑描述数据流测试覆盖标准，并在模型检验中生成满足相应覆盖标准的测试用例[136]。后来其在一次会议中讨论了多种不同的技术来减少通过模型检测生成指定数据流测试覆盖的测试集的大小[137]，但该方法不能实现自动精化抽象，如程序输入的定点布尔抽象。有些学者通过对时间自动机离散的状态空间应用有限状态机（FSM）检测序列技术的变异来产生测试序列[138-140]。陈小峰介绍了可信平台模块满足状态覆盖的测试用例自动生成方法[141]，该方法基于子系统的形式化规格说明，给出了扩展有限状态机模型，最后，将该有限状态机模型应用于测试用例的自动生成。

要寻找被测系统与既定规范不一致的地方，但不可能针对所有的覆盖标准去进行测试，因为这样测试成本会变得非常昂贵并且测试本身也无法在现实环境下实现。李书浩等人指出在相同资源条件下，面向性质测试比非面向性质测试进行得更深入[142]。另外，实时系统的一个特点就是他们必须在严格的时间限制下做出响应。也就是说它们的正确性不仅依赖于并发成分如何相互作用，还依赖于这些交互作用发生的时间。对这类系统而言，安全属性和时间属性尤为重要，所以实时系统形式化测试需要对时间属性和安全性进行特别测试。除此之外，实时系统的构件化和组装远比普通软件复杂，所以构件组装实时系统还需要对组装行为相容性进行特别测试。

本章针对实时系统的快速发展和对高效测试用例的需要，对主流测试用例生成方法及基于模型的实时系统测试用例生成方法进行分析，基于上一章提出的实时构件模型对实时系统建模。另外，以往的研究对实时系统关注较少，尤其是实时系统的安全属性、时间属性和行为相容性，并且这些方法都不同程度地面临状态爆炸问题，此外它们没有解决测试用例优化问题。本章在第三章工作的基础上，针对实时系统的特点定义了三个新的测试覆盖标准（关注于安全性、时间属性和组装行为相容性），将这三个覆盖标准转化为模型检测工具 UPPAAL 中对性质进行描述的断言形式，然后用 UPPAAL 工具的生成最短诊断路径的选项自动生成长度优化的测试用例。

4.2　测试用例生成方法

随着软件测试的地位逐步提高，测试的重要性逐步显现。当前测试的研究内容主要包括测试用例生成技术、测试覆盖标准和自动化测试工具等。

本节简要介绍测试覆盖标准及主流测试用例生成方法[143]，重点介绍了基于规约的测试用例生成方法使用的各种模型及基于各种模型的实时系统测试用例生成方法，并进一步描述了软件测试中模型检测方法的应用。

4.2.1　主流的测试用例生成方法

因为测试的目的是用有限的资源发现尽可能多的故障，所以选取合适的测试用例非常重要，它可以提高测试工作的效率。如何选择测试用例成为测试工作的一个重要环节。测试用例的生成原理是：根据相应的测试覆盖标准，确定相应的执行路径，从而生成测试用例，因此测试覆盖标准直接影响着测试用例的确定。测试覆盖标准的形式化定义是：

定义 4.1（测试覆盖标准） 测试覆盖标准 C 是依据三元组（P，RM，T）确定的，这里 P 是程序，RM 是与 P 有关的参考模型，T 是一组测试用例，当 C（P，RM，T）成立时，则说明 T 满足用于 P 和 RM 的测试覆盖标准 C。

Weyuke 从公理化的角度对于软件测试覆盖度进行了研究，给出了软件测试覆盖标准的形式化定义。更多研究集中在对测试覆盖标准的研究。其中包括：基于程序结构的标准（如 McCabe 的环路标准，Paige 的 level-I 路径覆盖标准等）；数据流充分性标准（如 Rapps-Weyuker-Frankl 引用相关覆盖族的定义，Laski 和 Korel 的上下文覆盖标准等）；基于程序文本的标准（如 Woodward、Hedley 和 Hennel 的线性代码顺序和跳转覆盖，Myers 的判定覆盖标准）；基于错误的标准（如 Howden 的弱变异体充分性标准，Woodward 和 Halewood 的强变异体充分性标准）；基于运行剖面的充分性判断标准（如 M. G. Thomason、J. A. Whittaker 等人提出使用测试链模型）；AT & T 实验室的 J. D. Musa 从基于有限的费用和时间利用可靠性测试获得最大化的软件可靠性的角度研究了"何时停止测试问题"。

一般而言，测试用例的生成有三种方法，分别是基于代码的方法、基于需求规约的方法和基于故障的方法。

1. 基于代码的方法

基于代码的方法是通过执行与故障相关的代码来暴露软件故障，如基于约束的方法、利用检查点和反随机的方法、利用遗传算法和演化算法的方法等。在这些方法中，程序以流图形式给出，并且定义了多种针对程序不同方面的测试覆盖标准，比较常见的有路径覆盖标准、判定覆盖标准和条件覆盖标准；另外，还有很多其他的标准，具体覆盖标准及其相互关系见图 4-5。

2. 基于需求规约的方法

从描述软件系统需求的文档中提取表示测试准则的参考模型 RM，这种方法越来越普及，比如我们可以从 UML 的序列图、类图和用例图来生成测试用例[144]，还可以使用形式化方法如 SCR[134]、Z[145] 和 LTS[146] 所定义的软件形式化模型来生成测试用例。另外，还有诸如基于域分割的形式、利用动态规划方法、采用逻辑编程方法、基于状态的方法等。

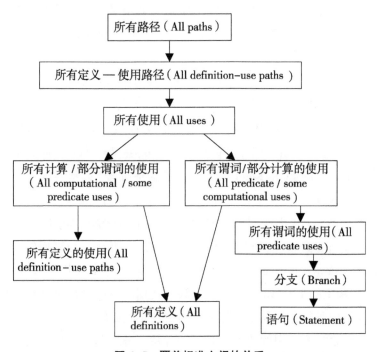

图 4-5　覆盖标准之间的关系

3. 基于故障的方法

此种方法通过将故障植入源代码来验证测试程序可以暴露的故障数，变异测试（mutation testing）[147]和错误猜测（error guessing）[148]是其中比较有效的测试技术。

本章涉及基于需求规约的测试用例生成方法，这是软件测试的一个重要发展方向。

4.2.2　形式模型

对软件系统规约进行描述的形式模型主要有三种：以有限状态机（FSM）/标记迁移系统（LTS）为基础的模型、以时序逻辑为基础的模型和基于 Petri net 的模型。在实时领域这些模型有各自对应的实时变体。

1. 以 FSM/LTS 为基础的模型

这种模型用触发事件和状态转移描述系统的行为，主要包括 FSM、EFSM、Statecharts 等。在实时领域，主要有时间自动机（Timed Automata，简称 TA）、时段自动机（Duration Automata，简称 DA）及变种（如时间 I/O 自动机）。

2. 以时序逻辑为基础的模型

在这类模型中，用时序断言来描述系统的行为，主要有线性时序逻辑（LTL）、有分支的计算树逻辑（CTL）及其变体 CTL * 等。实时系统规约可以用相应的实时逻辑来实现，如 Ghezzi 的隐式逻辑 TRIO[149] 及 TPTL 等。

3. 以 Petri 网为基础的模型

在这类模型中，并发系统用带托肯（token）的状态和迁移来描述。其实时变体包括时间 Petri 网[150]、ER－nets[151] 等，在这类模型中，不管位置、托肯还是迁移都可以和时间约束有联系。

4.2.3　基于模型的实时系统测试用例生成方法

根据实时规约所使用模型的不同，基于规约的实时系统测试用例生成方法主要分为三类。下面简单介绍每一类中各种方法的核心思想，并比较和评价各种方法的优缺点。

1. 以 TA 为基础的测试用例产生

TA 基于传统 FSM，通过为每个状态添加不变式约束，为变迁添加时钟约束而得到。它定义并提供了一套简单通用的方式，描述带有有穷实数时钟的状态转移。系统有若干个以相同速率推进的时钟，它们可以被任意一个变迁复位。变迁上的时钟约束表示变迁只有在这个约束被满足时才能发生，而状态上的不变式表示只要满足此不变式，系统可以一直停留在这个位置。模型采用的是连续时间。TA 是依据对无穷时钟空间进行有限量构建而进行自动分析的。

图 4-6 是带有两个时钟 x 和 y 的 TA，状态 s_1 和 s_2 上的不变式约束"$x<1$"是为了保证从状态 s_2 到 s_3 的变迁一定要在从状态 s_0 到 s_1 的变迁发生后的一个时间单元内发生，从而说明了事件 a 和 c 的时间间隔。

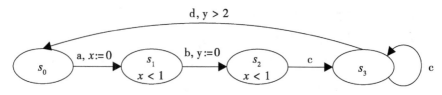

图 4-6 含有两个时钟的时间自动机

有很多基于 TA 的实时变种，TIOA 是影响比较广的一种。TIOA 主要将 TA 的动作细分为输入动作（以符号？表示）和输出动作（以符号！表示）两类。图 4-7 是一个 TIOA 的例子。

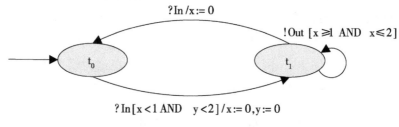

图 4-7　一个 TIOA 的例子

J. Spring intveld 等人基于 Cerans 的时间进程互模拟等价，化简 TIOA 区域自动机得到简化的网格自动机，在此基础上用 W-方法生成测试用例，它给出了一个测试的理论框架[140]。这证明为 TIOA 模型生成完全测试集的算法确实存在。此方法首次将非实时模型的方法用于实时模型测试生成。但是，它有不理想的地方：首先，实用性差。如果积系统的时钟区域数为 n，那么它所选取的网格粒度不能大于 2^{-n}。有研究指出[124]，对时钟集合 C，区域数的上限满足 $|C|! \cdot 2^{|C|} \cdot \prod_{x \in c} (2c_x+2)$，那么，即使很小的系统，$n$ 也非常大，这样 2^{-n} 值就非常小。这就意味着将产生天文数字般的测试用例。另外，该方法所用的模型只能在时钟是整数时输出。

Timed Wp-Method：Testing RealTime Systems 对 TIOA 测试做了全面介绍，包括实时测试体系结构、各种故障模型、系统模型的化简技术、测试用例表现形式及测试生成等[152]。该文生成测试用例的 Timed Wp-方法是：在区域图的基础上构造网格自动机，然后将其转换得到非确定时间有限状态

机（NTFSM），最后基于此模型用 GW$_{p-}$ 方法得到测试用例。Timed W$_{p-}$ 方法能对 TIOA 故障模型中的各类故障做到全覆盖，并且比 J. Spring intveld 等人[140]提出的复杂性低、测试用例也少，但绝对数量还是太多，需要缩减。这个方法使用 TIOA 模型，不支持对含有数据变量的实时系统（如实时通信协议）建模，这是需要改进的。E. Petitjean 和 H. Fochal 改进了传统 TIOA 中时间约束的表示形式[153]，并完善了时钟区域化简方法，这样可以减少时钟区域数并且时间约束表达能力也更强。

T. Higashino 等人建立的模型弥补了 Timed W$_{p-}$ 方法处理含有数据变量系统的不足[154]，这个模型包括一个全局时间变量和若干数据变量。区别于传统的 TIOA，我们用 TIOA$^+$ 表示它，这个模型类似于扩展时间 I/O 状态机（ETIOSM）模型。TIOA$^+$ 的迁移如图 4-8 所示。数据变量的引入不可避免地带来了新问题，那就是测试序列可行性问题。TIOA$^+$ 需要充裕的时间执行每一个输入/输出动作，但是，由于 IUT 的输出是无法控制的，测试人员不可能预先指定动作执行的时间区间。该方法的主要问题是它可能会运行很长时间。

$$!a[(1<t<3.5)AND(i<20)]/t:=0,i++$$

图 4-8　TIOA$^+$（或者 ETIOSM）的迁移

2. 以时序逻辑为基础的测试用例产生

时序逻辑可以用于规约实时系统。有的时序逻辑只能描述事件先后顺序，典型的如 CTL、BTTL 和 ITL 等；但是也有许多逻辑，比如 RTIL、TPTL 和隐式逻辑 TRIO 等能够定量描述非平凡时间约束。关于这些时序逻辑的具体介绍可参见 P. Belline 等人的文章[155]。

TRIO 扩展经典的一阶时序逻辑，用 Futr 和 Past 算子在整数时域内描述实时需求。例如，对需求"如果此刻消息已经在传输线一端，那么该消息必须在不超过 5 秒的时间内从另一端发送出去"。描述这个信号传输线的 TRIO 公式是 in⟵⟶Futr（out，5）。Mandrioli 等[149]基于 TRIO 逻辑公式描述规约、分解规约得到基本的测试用例段，将来对它们重新组合，以得到实时系统功能测试用例。

该方法较之基于 TA 的方法有几点不足：首先，只有一个时钟很明显限制了实时刻画能力；时间只能取整型值，也局限了测试用例的故障覆盖率；另外 TRIO 可读性较差，这就使它无法用于较大规模、较复杂的实时系统建模。

3. 以 Petri 网为基础的测试用例产生

Petri 网主要应用于对并发系统的描述，它的状态和迁移都带有托肯（token）并以此表示控制流。高层次 Petri 网（HLPN）是对 Petri 网的一种扩展，它为每个位置定义了相应的类型，为每个迁移定义了相应的模式。如图 4-9 所示。

有些学者使用环境/关系网（ER-nets，一种 HLPN）对实时系统建模[151]，用迁移相关的特殊属性表示时间，探讨了不确定性和测试场景组合问题，并提出了 HLPN 拓扑结构覆盖标准和相应的测试用例生成方法。

在高级时间 Petri 网（HLTPN）中，token 和数据、时戳联系在一起，迁移则对应谓词、动作和时间区间。token 的生成时间用 token 时戳表示。迁移触发后的最小和最大点火时间范围形如 [tmin，tmax]。HLTPN 是一种适合描述现实实时系统的模型。图 4-10 是 HLTPNs 的一个例子。

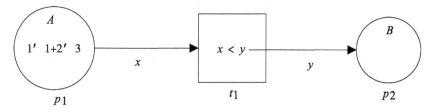

图 4-9　高层次 Petri nets

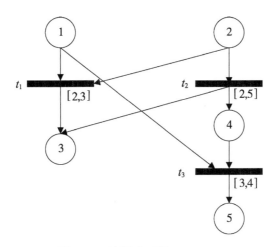

图 4-10　高层次时间 Petri nets

Braberman 等[150] 给出了基于 HLTPNs 的测试用例生成方法。SA/SD-RT 能对同步原语、消息队列、任务、时间约束建模，他们首先用这种描述语言设计规约，将规约翻译成 HLTPN 形式，然后基于此构造时间可达树（Timed Reachability Tree，简称 TRT）。situation 用 TRT 中根到叶的一条路径表示，该 situation 可能表示无穷多的测试用例（因为模型中采用的是连续时间），所以，适当的测试选择（覆盖）标准是必需的。

该方法只能产生有时序的事件序列，而不能产生实际的测试输入数据，即不能产生有定量时间信息的测试用例。

4.2.4　基于模型检测的测试用例产生

也有一些研究者在形式化规约自动生成测试用例中使用基于模型检测的方法及工具[133]。软件测试是保证软件产品可靠性和正确性的传统手段，模型检测是一种有效的自动化验证技术。模型检测技术在验证有限状态系统中自动生成反例的功能，可以使测试用例生成自动化。对于软件测试，自动生成测试用例可以节省时间和费用。在软件测试当中，模型检测主要应用在测试生成和测试评估上。常用的模型检测工具有 SMV、SPIN 等，在测试的不同方面它们已得到广泛应用。Angelo Gargantini 等人介绍了将

SPIN 用于并发系统测试的方法[156]。Adam 和 Black 在 Generating tests from counter examples 中给出了一个不同于纯粹的基于覆盖的测试套件生成方法[157]，他们扩展 C 语言模型检测器 BLAST 的功能，通过抽象精化的方法来实现自动生成测试套件。现有的基于模型检测方法的测试用例自动生成算法的研究成果主要集中在对形式化规约表示的系统测试上。

基于时序逻辑和基于 Petri 网的模型不直观，且形式化手段过于复杂，而 RCM 提供对构件交互行为、时间约束信息和体系结构的描述，所以本章针对实时构件系统的特点，定义了三个新的测试覆盖标准，以 TA 为基础产生测试用例。时间自动机是依据对无穷时钟空间进行有限量构建而进行自动分析的，以 TA 作为模型的工具 UPPAAL 通过使用"on-the-fly"动态验证技术和快速搜索机制可以验证更复杂的系统，这使得我们在相当大的规模内不用担心状态空间爆炸问题[19]，此外，UPPAAL 支持对诊断路径的优化，所以本章适用模型检测工具 UPPAAL 自动产生长度优化的测试用例，对构件组装实时系统进行针对性的测试，以保障其质量。

4.3 新的测试覆盖标准和长度优化的测试用例产生

选择合适的测试用例可以提高测试活动的有效性，因此如何生成高效的测试用例成为测试活动中的一个重要环节。测试用例自动生成方法根据相应的测试覆盖标准，确定相应的执行路径，从而生成测试用例。设计者需要一组测试用例去测试系统的不同侧面，而这样需要不同的测试用例覆盖标准。在第三章工作的基础上，关注于实时系统的安全性、时间性质和组装相容性，我们在本节定义了新的测试用例覆盖标准，并在以下部分介绍了怎样产生满足这些覆盖标准的长度优化的测试用例。

4.3.1 测试用例覆盖标准

理论上已经定义了很多的覆盖标准[158]，如状态覆盖/迁移覆盖/迁移对覆盖/定义—使用覆盖等，它们有各自的价值和应用领域。然而，如前所述，由于成本限制，不可能针对所有的覆盖标准去产生测试用例，并且，对实时系统不是很有效。因为它们都是用来度量待测实时系统全部行为的测试充分性的，而不是度量用户感兴趣的系统行为的测试深入程度的。李书浩等指出在相同资源条件下，面向性质测试比非面向性质测试进行得更深入[142]。在构件组装实时系统中安全性质、实时性质和组装行容性应该给予更多关注，因此我们的方法提供了一个新的视角。在这部分，我们将介绍安全性质覆盖标准、时间约束覆盖标准和相容性覆盖标准，以及怎样将它们应用到 RCM 模型中。

因为我们使用基于可达性分析的模型检测器产生诊断路径的功能，测试目标必须被转化为可被模型的可达性分析验证的性质。因此，我们必须把测试用例覆盖标准转化为可达性质。我们使用 UPPAAL 的基于 BNF[19]语法的性质描述语言来描述性质。

定义 4.2（安全覆盖）　一组测试用例满足针对安全性质 P 的安全覆盖，当且仅当模型没有死锁并且本组测试用例在模型上执行时有一个可达状态满足此安全性质。可以看出，测试用例满足安全覆盖，当且仅当它是 E<>P 的证据路径集。

定义 4.3（时间覆盖）　一组测试用例满足针对时间约束 C 的安全覆盖，当且仅当所有有此时钟约束的位置对应的可达状态都能被本组测试用例在模型上执行时覆盖到。

以第三章用到的满足动作同步规则的道岔控制系统为例，一时间段内，该系统中可能有多列列车存在，可以选择产生多个列车实体。在实际运营中，在短时间内，同一条轨道不会有两列车先后到达。我们选择 4 列进行实验。

考虑安全性质 P：当 train1 通过道岔时，别的火车不能通过。

首先，我们用 UPPAAL 检查模型是否有死锁。由 BNF 语法对这些性质描述所得程序如下：

A［］not deadlock //系统没有死锁

在 UPPAAL 的验证器中执行上述程序体，性质得以通过，表明系统没有死锁。系统生成的验证结果如图 4-11 所示。

图 4-11　系统没有死锁验证界面

满足对安全性质 P 的安全覆盖的测试用例可以通过构造如下可达性质来产生，这些性质由 BNF 语法描述：

E<>((Train1. Cross and（Train2. Wait or Train3. Wait or Train4. Wait))

or(Train1. Cross and(Train2. Wait and Train3. Wait))

or(Train1. Cross and(Train2. Wait and Train4. Wait))

or(Train1. Cross and(Train3. Wait and Train4. Wait))

or(Train1. Cross and(Train2. Wait and Train3. Wait and Train4. Wait)))

考虑时间约束 C：火车在 5 个时间单位内可以通过道岔。

满足对时间约束 C 的覆盖的测试用例可以通过构造如下可达性质来产生，这些性质由 BNF 语法描述：

A [ ]（Train1. Exit imply Train1. Cross<=5）

A [ ]（Train2. Exit imply Train2. Cross<=5）

A [ ]（Train3. Exit imply Train3. Cross<=5）

A [ ]（Train4. Exit imply Train4. Cross<=5）

针对构件组装的特点，可以针对组装中某些主要动作设计相容性测试用例，以便将来对组装好的系统进行某些组装相容性的重点测试。因此，定义相容性覆盖标准。

在给出相容性覆盖标准定义之前，需要解决如何用模型的可达性质描述动作相容性问题，下面给出"行为 A 的 AS-pair 性质"的定义。

定义 4.4（行为 A 的 AS-pair 性质）：利用 3.5 的方法标注模型的边，

如果 A 对应的 AS-pair 是（a，e_i，e_j），那么行为 A 的 AS-pair 性质即为 E<>（array［i］= =true and array［j］= = true）。

在以上定义的基础上，给出相容性覆盖标准的定义。

定义 4.5（行为 A 的相容性覆盖）：一组测试用例满足针对组装行为 A 的相容性覆盖，当且仅当本组测试用例在模型上执行时有可达状态满足行为 A 的 AS-pair 性质 Q。可以看出，测试用例满足行为 A 的相容性覆盖，当且仅当它是 E<>Q 的证据路径集。

每个组装行为可能不止一个 AS-pair，因此，需要对每个行为的所有 AS-pair 产生测试用例。

满足对行为 A 的相容性覆盖的测试用例可以通过构造如下可达性质来产生，这些性质由 BNF 语法描述：

E<>（array［i］= =true and array［j］= = true）

4.3.2　生成长度优化的测试用例

UPPAAL 是基于时间自动机模型的验证工具。除了密集时钟（dense clocks），它还支持简单和复杂的数据类型，比如受约束的整数和数组及通过共有变量和动作的同步。它适用于模拟为时间自动机的实时系统的安全性和反应限制性质的自动验证。UPPAAL 可以进行快速验证，避免了使用积的可达性原理验证时产生状态空间爆炸。规约描述语言使用的 BNF 语法支持对安全性、活性、死锁及相应性质的描述。

本章使用模型检测既不是为了验证系统是否具有所期望的性质，也不是为了面向某类性质来检测系统是否合乎规约，而是像其他工作[133,159,160]一样，构造测试用例。

本章参照测试覆盖标准定义一组"陷阱"性质，即相应的测试用例覆盖标准对应的可达性质的非，利用 UPPAAL 对给定性质产生诊断路径的功能，在模型检验中捕获相应的反例，而这些反例就是满足相应测试标准的测试用例。

这里特别给出关于相容性覆盖的测试用例产生方法。

满足关于行为 A 的相容性覆盖的测试用例产生方法如下：

（1）确定待测行为 A 对应的 AS-pair。

（2）定义待测行为 A 对应的 AS-pair 的"陷阱"性质，即 E<>（array[i]= =true and array[j]= = true）的非。

（3）利用模型检验工具对给定性质产生诊断路径的功能，在模型检验中捕获相应的反例，而这些反例就是满足相应组装行为相容性的测试用例。

对组装中的全部行为也可以产生测试用例，它是关于行为 A 的相容性覆盖测试用例产生方法的扩展，下面给出行为相容性测试用例产生算法，输入是各构件模型根据定义 3.4 得到的组装的实时构件模型，输出是相容性验证结果和测试用例。

输入：组装的实时构件模型<ID_P, A_P^I, A_P^O, A_P^H, Σ, L, L_0, X, I, E, H>

输出：相容性验证结果和测试用例。

（1） for （E 中的每个迁移：<ℓ, ℓ', a! /a?, λ, δ>）；

（2）标记边序号 $e_i \in$ Edge；

（3） for （每个 $a \in A_P^H$）；

（4） for （每个 a! 被定义的边 e_i）；

（5） for （每个 a? 被定义的边 e_j）；

（6）生成 AS-pair （a, e_i, e_j），并加入集合 AP；

（7） for （每个 $e_i \in$ Edge）；

（8） array [i]: = true；

（9） for （每个 AS-pair $\in$ AP）；

（10） 验证! E<> （array [i] = =true and array [j] = = true）；

（11） if 返回 false 输出诊断路径；

（12） else 输出 H 中构件组装行为不相容信息。

当前，UPPAAL 支持三种对产生的诊断路径的优化："some"选项产生的是能到目标状态的路径；"shortest"选项产生的是变迁数目最少的路径；"fastest"选项产生的是有最少时间延迟的路径。本章使用"shortest"选项产生长度优化的测试用例。

4.4　实例分析

将上述产生测试用例的方法用于第 3 章介绍的满足动作同步规则的道岔控制系统进行实例分析。

考虑安全性质 P：当 train1 通过道岔时，别的火车不能通过。在 4.3.1 部分给出了针对此性质的安全覆盖对应的 BNF 语法描述：

E<>((Train1. Cross and(Train2. Wait or Train3. Wait or Train4. Wait))

or(Train1. Cross and(Train2. Wait and Train3. Wait))

or(Train1. Cross and(Train2. Wait and Train4. Wait))

or(Train1. Cross and(Train3. Wait and Train4. Wait))

or(Train1. Cross and(Train2. Wait and Train3. Wait and Train4. Wait)))

将其非作为"陷阱"性质，利用 UPPAAL 对给定性质产生诊断路径的功能，在模型检验中捕获相应的反例，得到 E<>P 的证据路径集，这即是满足 P 的安全覆盖的测试用例。

图 4-12 是在模拟器中试验时所得到的部分截图。

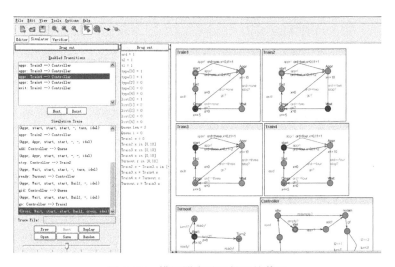

图 4-12　模拟器中随机得到的截图

图 4-13 是在模拟器中试验时，随机得到的证据路径，它是一个各实

体之间通过管道相互通信、控制的消息序列（MSC）。

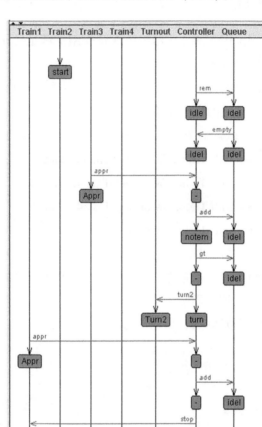

图 4-13　系统模拟试验的一个满足安全覆盖的消息序列

从而得到满足 P 的安全覆盖的测试用例如下：

$0 \cdot$ Train1_appr, t1 = 1!　·$0 \cdot$ trun1?　·$0 \cdot$ Train2_appr, t1 = 1!　·$3 \cdot$ Stop, id = 2?　·$3 \cdot$ Go, id = 1?　·$10 \cdot$ Train1_exit!　·$12 \cdot$ turn1?　·$12 \cdot$ Go, id = 2?　·$22 \cdot$ Train2_exit!　·$26 \cdot$ Train3_appr, t1 = 2!　·$27 \cdot$ turn2?　·$27 \cdot$ Train1_appr, t1 = 2!　·$28 \cdot$ stop, id = 1?　·$28 \cdot$ Go, id = 3?　·37.

利用 UPPAAL 的"shortest"选项，得到满足 P 的安全覆盖的长度优化的测试用例：

0・Train1_appr, t1 = 1！ ・0・trun1？・0・Train2_appr, t1 = 2！ ・3・Stop, id = 2？・3・Go, id = 1？・10・Train1_exit！ ・12・turn1？・12・Go, id = 2？・22・Train2_exit！ ・26.

图 4-14 是从模拟器中得到的证据路径的消息序列（MSC）图。

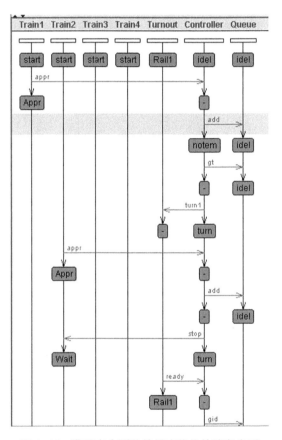

图 4-14　满足安全覆盖的长度优化的消息序列

考虑时间约束 C：train2 在五个时间单位内可以通过道岔。

满足对时间约束 C 的覆盖的测试用例可以通过构造如下可达性质来产生，这些性质由 BNF 语法描述：

A［］（Train2. Exit imply Train2. Cross<=5）

用同样的方法，得到满足 C 的时间覆盖的长度优化的测试用例如下：

0 · Train2_appr, t1 = 1! · 0 · trun1？ · 0 · Go, id = 1？ · 10 · Train 1_ exit! · 14.

图 4-15 是在 UPPAAL 的模拟器中试验时，得到的证据路径的消息序列（MSC）图。

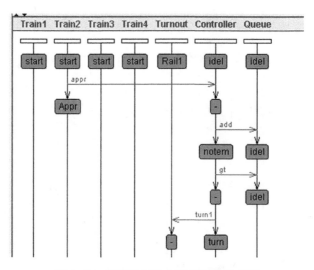

图 4-15 满足时间约束覆盖的消息序列

针对组装中某些主要动作可以设计相容性测试用例，以便将来对组装好的系统进行某些组装相容性的重点测试。

从第 3 章看出因动作 stop 引起了第一次组装行为不相容，那么在第二次组装的系统上针对构件 Train 和构件 Controller 关于动作 stop 的行为相容性设计测试用例，以便在将来的测试阶段进行重点测试。

用 4.3.1 节定义的方法，首先，确定待测动作 stop 对应的 AS-pair：（stop, e_{23}, e_3）和（stop, e_{29}, e_3）；然后，分别将 E<>（array [23] = = true and array [3] = = true）的非和 E<>（array [29] = = true and array [3] = = true）的非作为"陷阱"性质，利用模型检验工具对给定性质产生诊断路径的功能，在模型检验中捕获相应的反例，得到 E<>Q 的证据路径集，这即是满足相应组装行为相容性的测试用例。

满足对动作 stop 的相容性覆盖的长度优化的测试用例一如下：

0 · Train1_appr, t1 = 1！ · 0 · trun1？· 0 · Train2_appr, t1 = 1！ · 4 · Stop, id = 1？ · 4.

图 4-16 是在 UPPAAL 的模拟器中试验时，随机得到的证据路径，它是一个各实体之间通过管道相互通信、控制的消息序列（MSC）。

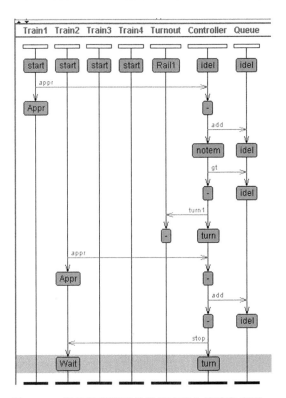

图 4-16　满足相容性覆盖的长度优化的消息序列一

满足对动作 stop 的相容性覆盖的长度优化的测试用例二如下：

0 · Train1_appr, t1 = 1！ · 0 · trun1？· 0 · Go, id = 1？ · 10 · Train 2_appr, t1 = 1！ · 12 · Stop, id = 1？ · 12.

图 4-17 是在 UPPAAL 的模拟器中试验时，得到的测试用例二的 MSC 图。

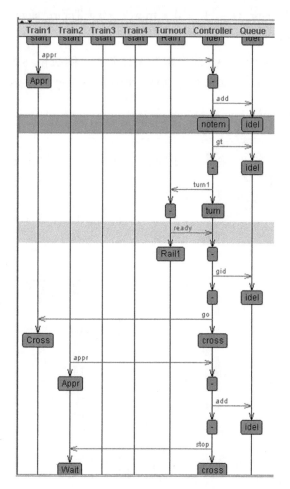

图 4-17   满足相容性覆盖的长度优化的消息序列二

4.5   相关工作比较

人们很早就认识到测试用例及其生成技术的重要性，并进行了持续不断的研究。Kung 等人[161]基于状态感知机提出了一种对 CORBA 构件产生测试用例并用重放机制进行测试的方法，但是因为 CORBA 构件仅提供静态语法描述，此种方法不能针对动态交互行为产生测试用例。本书提出的构件模型可以描述构件动态交互。目前使用模型检验生成测试用例的研究较为活跃。Ammann[133]、Gargantini[134] 和 Rayadurgam[135] 提出了各种不同的基于规约的测试用例生成方法，但是他们都没有考虑时间属性。Liu W 和 Dasiewicz P 对 UML 进行扩展[162]，将构件交互用标记的迁移系统 LTS 表示，根据事件流覆盖标准用模型检测技术生成测试用例，但它主要关注构件交互没有考虑关于安全属性和行为相容性的测试用例生成。Ye Wu 等人提出了一个描述构件之间的交互和相互依赖关系的测试模型并用构件依赖图来实现这个模型[163]，通过使用一系列从接口、事件、上下文到内容依赖的测试覆盖标准产生测试用例，但在处理大型复杂系统时 CIG 图的规模过大，限制了它的应用。

与以上工作相比，本书提出的基于实时构件模型 RCM 的测试用例生成方法具有以下几个优点：

使用构件模型 RCM 直观、无二义；使用的模型检测工具 UPPAAL 通过使用 "on-the-fly" 动态验证技术和快速搜索机制可以验证更复杂的系统，这使得我们在相当大的规模内不用担心状态空间爆炸问题[19]，从而满足了对复杂系统产生测试用例的需要；面向性质的测试用例对提高系统可信性更有效；通过模型检测的诊断路径产生功能可以以较低的代价产生测试用例；针对构件具体交互行为的测试用例使兼容性测试更高效。

4.6　本章小结

传统测试浪费很多人力物力，利用模型检测技术自动生成测试用例的方法探讨了很多，但是针对实时系统，这些方法不够有效和有针对性，并且这些方法都不同程度地面临状态爆炸问题，此外它们没有解决测试用例优化问题。本章在用上一章提出的模型对实时构件系统建模的基础上，针对实时系统的特点定义三个新的测试覆盖标准（关注于安全性、时间属性和行为相容性），将覆盖标准转化为模型检测工具 UPPAAL 中对性质进行描述的断言形式，然后用 UPPAAL 工具的生成最短诊断路径的选项自动生成长度优化的测试用例。最后，通过在上一章得到的满足组装行为相容性的道岔系统上使用以上的方法，演示了本方法的具体使用过程和有效性。下一章将分析构件选择和组装可靠性分析。

第5章 构件选择及组装可靠性分析

5.1 问题背景

基于构件的软件开发（CBSD）首先需要对需求进行分析和对市场进行调研，然后才进行构件评估、构件调整、构件组装和构件更新[164]四大过程。这四个过程是构件开发所特有的。从图5-1所示的 CBSD 的参考模型中[165]可以看出，不同于传统的软件开发思想，CBSD 将开发重点从编写代码转移到对已存在的构件进行组装。

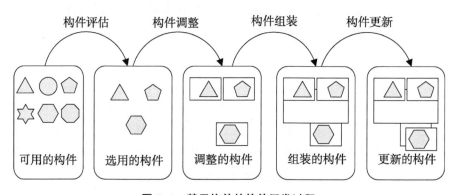

图5-1 基于构件的软件开发过程

基于构件的软件开发整个过程从需求开始，设计者用传统的方法获得需求规约，并据此设计体系结构。它不同于传统开发方式，设计体系结构后，接下来并没有进入详细设计阶段，而是分析系统哪些功能可以选择和组装已有构件实现。设计者一般通过构件接口信息和构件提供的服务列表来判断构件是否适用于新系统。

构件的选择问题一直是基于构件的软件工程领域的研究热点[166-172]。在实际的 CBSD 工程项目中，对于构件的选择问题，除了接口中的参数个数、顺序和类型等方面的兼容性，还需要考虑许多约束条件，多种因素交织在一起使得构件选择问题成为一个复杂的决策过程。

随着计算机系统和计算机网络在社会各个领域的广泛应用，人们对信息系统的依赖程度越来越高，可信软件与系统的设计和开发成为一个基本问题。"可信性"是在正确性、可靠性、安全性、时效性、完整性、可用性、可预测性、生存性、可控性等概念基础上发展起来的一个新概念[30,31,173-175]。学者们试图从不同角度、不同层次去诠释"可信性"，但尚未形成共识。在软件可信计算方面，国内众多学者也进行了比较有成效的研究[173,176,177]。他们认为，软件系统的可信性质是指该系统需要满足的关键性质，软件一旦违背这些关键性质就会造成不可容忍的损失。软件的可信性质主要有可用性（availability）、可靠性（reliability）、安全性（safety，security）、生存性（survivability）、容错性（fault tolerance）、实时性（real time）。高可信软件系统中会涉及上述性质的一个或多个。

针对目前对构件选择缺乏定量化质量标准的现状及现代高可信的发展要求，我们将可信属性（可信性指标）也应该纳入构件选择的考量因素。选择阶段根据构件的多项属性，如构件的功能性（如构件能够实现什么功能）、构件质量相关的属性（如可靠性）和兼容性（第 3 章已讨论过），以及新系统的需求判断是否在系统中选择并组装该构件等。

软件作为高度复杂的智力产品，其科学原理和工程规律远未得到充分的认识，可信性质与软件本身的各种功能特性混合在一起，使得软件可信性研究远比硬件可信性研究复杂。纵观国内外研究现状[30,31,173-178]，软件可信计算的研究只是零散地对可信属性的研究，软件可信计算还没有相关标准规范及标准体系。本章将尝试研究软件多维可信属性的多尺度量化指标——等级化度量，并将其用于构件选择。

对系统可靠性分析的传统做法是把系统作为一个看不到内部细节的"黑盒子"，仅根据其输入数据和输出的结果进行评测，但是软件复用技术改变了这种思路。另外，对于基于构件的软件而言，除了构件的可信性，如何利用软件体系结构[179,180]信息来选择合适的构件成为软件设计所不能回避的一个重要问题。当前软件体系结构描述偏重对系统的结构方面的关注，而没有充分关注软件体系结构的动态行为方面。虽然松散耦合是构件软件设计的重要原则，但在系统中，因各构件模块间的相互交互不同，各构件模块在系统中的重要程度也不相同。如何度量这种影响很值得研究。例如：根据重要程度不同，选择不同可信特性的构件组装系统；构件间的相互交互会对系统的可靠性[31,32]产生怎样的影响等。本章在简单分析构件选择的若干问题基础上，基于层次自动机（Hierarchical Automata）[20,21]理论对系统建模，探讨解决这一问题的途径。

基于第 3 章的工作，实时系统若满足组装行为相容性，那么它的时间属性对构件之间有无交互并没有影响，所以为简化起见，本章的工作将剔除实时系统的时间维，而只考虑构件之间的交互。

5.2 构件选择和构件可靠性模型

在 CBSD 过程中，怎样高效地识别、评价从而选择合适的构件成为软件开发活动的重点[181]。构件选择几乎贯穿于整个软件生命周期中的各个关键活动。

构件选择非常复杂，它涉及很多问题[182]。Briand[183]认为影响构件选择的主要因素有：构件属性数目太多并且不容易度量，有的属性甚至没有严格的度量标准；软件产品的自身特点使得对软件功能和质量的评估是不确定的；针对一个给定的需求，备选构件数量可能很多；从相似的构件中选择最合适的构件需要一个选择标准，由于标准不同，所谓最优构件也是不唯一的、相对的；多个构件组装在一起的兼容和优化问题。

一般而言，选择构件需要用和需求相应的指标进行构件评估，根据这个结果才能进行构件选择。但是一些和实际相关的特殊因素也应该纳入构件选择过程中，比如所选构件的兼容性、可靠性等因素。下面将介绍一下构件选择的模型、方法、评价方法、构件可靠性模型及构件选择的其他问题。

5.2.1　构件选择的模型

以支持商业构件选择过程中的需求获取为目的，Maiden 等[181]建立了一个模型来匹配 COTS（Commercial-off-the-shelf）产品和顾客需求。Vantakavikran 等[184]在构件选择模型中引入过程成熟度来指导开发商进行构件选择。Hsuan-Shih 等[185]以策略分析方法为原型，设计了一个模糊多指标决策模型。因为当前对开源软件还没有相关的定量化质量标准，Sung[186]提出了一个针对这种现状如何选择开源软件的质量模型。Donzelli 等[187]根据先验经验缺乏和构件的上下文依赖特性提出了一个构件评估方法来降低构件选择过程中的风险。Ncube 等[188]提出了一个候选商业构件模型，他们的思想是将构件选择过程看作一个目标和构件上下文驱动的过程。牟立峰[189]以管理科学和运筹学的视角来审视问题，提出了供应商参与软件产品设计开发的模糊任务指派模型，白盒复用方式下考虑兼容性和复用性的构件选择优化模型，多软件产品开发任务环境下构件的选择模型及 SOA 系统实现过程中的构件选择模型。张晓梅和张为群提出了一种基于信任机制的构件选择模型[190]。

5.2.2　构件选择的方法

Mohamed[191]分析、比较主要的构件选择方法，并探讨它们对构件技术发展现状的贡献。Navarrete 等[192]从敏捷开发的角度，对当前广泛使用的构件选择方法进行比较分析，为如何进行商业构件选择提出了建议。Kohl[193]提出了用需求工程和管理的方法评价、选择构件供应商及其产品。Ayag 等[194]将 ANP 的模糊扩展用来指导企业 ERP 系统的构件选择。Cechich 等[195]提出了早期检测和度量过程来选择合适的候选 COTS 构件。Leung 等[196]认为以开发者的直觉选择构件太过主观，而进行直接评估代价又太昂贵，所以提出了一种非直接的选择方法——基于领域模型的 COTS 构件选择方法。Kontio[197]总结商业构件选择存在的共性问题，提出了一种系统化的可重用构件选择方法，并用一个实例展示了它的有效性。Fahmi 等[171]提出了一种基于构件历史决策经验的选择方法，使构件选择工作更高效、成本更低。李军面向特定领域，针对领域内的现有系统进行分析，获得领域模型，然后再根据领域模型得到领域框架和领域构件，并加入构架/件库中[198]。进行软件系统开发时，根据需求从构架库中检索出符合条件的构架，以构架为依据从构件库中检索出适当的构件。Han 等[199]提出了一个构件评估、比较和选择过程模型，使得软件系统能最大地满足项目的需求。Wang 等[200]认为大的软件系统内部各构件彼此依赖，不应该孤立评估构件，基于 FCD 的扩展，他们提出了新的复合构件选择方法。Wanyama 等[201]提出了一个将商业构件选择过程分层的模型以支持构件选择的决策工作。Navarrete[202]提出了一个将敏捷开发融入五层能力成熟度模型 CMMI 的框架来进行商业构件选择。李敏等对传统的构件库体系结构进行改进，提出了一种层次型智能构件库体系结构，并在此基础上，提出了一种基于粗糙—模糊集理论的智能化重用构件选取方法[203]。

5.2.3 构件的评价方法

Donzellil[187]提出了一个实践过程使开发者可以评估一个构件在特定背景下的可靠性，并据此设计了一个可靠性统一模型来指导构件选择。通过对 ISO9126 标准的提炼和修改，Andreou[204]提出了一个开发和评价原始构件的质量框架。Keil 等[205]进行了 126 份信息系统经理的问卷调查，以发现商业构件的重要属性，为评价和选择构件提供依据。通过对多个工程项目的总结，Carvallo[206]提出了用于构件评价的指标体系。Ayag[194]将 ANP 的模糊扩展用于构件评价。Inoue 等[207]学者提出了一种基于用例图分析构件重要性的方法。

5.2.4 构件可靠性模型

传统的可靠性增长模型是一种黑盒模型，不考虑软件内部结构，不适合评估构件组装系统的可靠性。评估基于构件软件系统的可靠性需要考虑构件之间的复合关系，要考虑各个构件的可靠性及软件系统的结构。构件软件系统的可靠性评估主要有路径法和状态法两种。路径法以系统的结构为基础，运用系统可靠性的方法来进行分析；状态法把系统的执行看作构件间不同状态的转移，然后用随机过程的理论对可靠性进行分析。

当前的可靠性模型主要有基于状态的模型（state-based-models）、基于路径的模型（path-based-models）和基于操作剖面的模型[31]。基于状态的模型用控制流图表示系统架构。基于状态的模型通常假设软件的控制转移具有 Markov 性质，所有状态有条件依赖过去。在这种模型中要么用复合方法将架构和失效行为结合在一个模型里评估系统可靠性，要么用层次法先为架构建模，再把失效行为加入模型来评估。Laprie 模型[208]忽略接口失效，用不可归约的连续时间 Markov 过程（CTMC）描述系统架构。Gokhale 等模型[209]通过软件结构和各构件的可靠度来计算软件的可靠度，该模型把各构件的执行建模为离散时间的 Markov 过程，构件的失效满足 ENHPP（Enhanced Non-Homogeneous Poisson Process）。基于路径的模型通常在实现后对软件系统可靠性进行评估，要尽量考虑所有可能的执行路径。SBRA（Scerario-Based Reliability Analysis）模型[210]使用所谓的运行情景（execution scenario）建立了 CDG 概率模型，SBRA 可以识别构件及其接口，并分析它们的可靠性对整个系统可靠性的影响程度。基于操作剖面的模型基础是用户使用软件的操作及其频率信息。Wells L. 等对运行剖面和结构剖面的建模进行了分析研究，并基于此提出了基于运行剖面的构件软件可靠性评估方法[211]。以上的方法多数是静态的，而构件系统开发是动态的，毛晓光和邓勇进为了在动态的开发过程中跟踪可靠性，以函数抽象为基础，提出了基于构件软件的一个可靠性通用模型——构件概率迁移图[212]。

5.2.5　构件选择的其他研究问题

除了模型和方法，还有一些局部关键问题需要解决，比如构件特性定量描述和构件库中构件查询等。徐如志等[213]提出一种基于 XML 的软件构件查询匹配算法。Mariani 等[214]提出了动态检测商业构件兼容性的方法。Yang 等[215]解决了传统软件工程构件选择方法造成的构件不兼容问题。Neil A. Maiden 和 Cornelius Ncube 运用历史交互构件软件的可信性评价、朋友推荐和构件声誉来计算构件的各项描述的可信性，从而选择构件[181]。Baegh[216]认为组装构件系统依赖于供应商对构件的充分描述，构件必须提供充分的、可信的属性描述，并基于此提供了相应的管理方法。刘晓明等[217]分析、比较各种性能模型的优缺点，提出了基于模型的构件组装系统性能预测方法以减小软件开发风险。Seker 等[218]学者运用信息论来建模构件之间的动态交互关系。Parsons 等[219]学者提出了一系列构件动态交互提取技术并指出了它们各自的优缺点。为建立和维护商业构件选择过程中用到的五种不同的构件库，Tom 等[220]设计了一个支持框架并为商业构件选择的决策支持系统提供了数据库描述，这个数据库可以把不同的构件库整合到一起。Hlupic[221]开发了一个用来选择仿真软件构件的系统 Sim Select。

构件兼容性对构件选择的影响我们已在第 3 章讨论过，本部分工作针对构件属性指标数量庞大且属性不易度量，软件产品的自身特点使得对软件功能和质量的评估不确定等问题来讨论构件选择。如何利用软件体系结构的动态行为信息来选择合适的构件，如何将多维可信属性量化、等级化并引入构件选择成为软件设计所不能回避的一个重要问题，而以往的研究并没有涉及这点。因为各构件模块间的相互交互不同，各构件模块在系统中的重要程度是不同的，与其他构件模块交互频度高的构件模块显然在这些构件模块中处于较重要的位置，那么对完成这些模块功能的构件的选择需要更高的标准。如何定义这个标准及选择方法是值得研究的。当前的可靠性模型充分考虑了用户适用软件的操作及其频率信息、软件的控制转移、软件的运行路径及软件的使用环境对构件可靠性的影响，但重要度不同的构件对组成的系统的可靠性有什么样的影响在以往的研究中并没有提及。本章将在用层次自动机对构件建模的基础上，度量这种影响，并通过定义构件质量和重要度因子分级函数及等级质量映射函数，实现根据构件重要度用软件可信等级化度量方法选择构件、评估系统的可靠性，从而指导软件开发。

5.3 层次自动机

层次自动机（Hierarchical Automata，简称 HA）是一种层次状态机，它以层次方式对自动机进行了扩展。它与平面自动机的区别在于层次自动机的状态既可以是简单状态（在层次自动机中称为基本状态）也可以是组合状态（在层次自动机中称为超级状态，它包含子状态），而平面自动机不存在子状态。超级状态，它本身就是一个（层次）自动机。

定义 5.1（自动机）　一个自动机 A 可表示为四元组（S，S_0，$\sum$，δ）。

其中：S 是有限状态的集合；$S_0 \subset S$ 是初始状态的集合；$\sum$ 是有限事件或指定信息的集合；$\delta \subset S \times \sum \times S$ 为状态转换的集合。状态转换（s，a，s'）表示系统在事件 a 驱动下，可从状态 s 转移到状态 s'。

定义 5.2（复合函数[20,21]，Composition Function）　F 是一个自动机集合，偏函数（partial function）γ 是一个复合函数，当且仅当：

（1）存在唯一的一个称为 γ_{root} 的根自动机，即

$$\exists A(\forall B(A \in F \wedge A \notin \cup ran(\gamma) \wedge B \in F \wedge B \neq A) \rightarrow B \in \cup ran(\gamma));$$

$\cup ran$（γ）表示所有偏函数 γ 值域的并集。

（2）γ 是一个将 F 中的状态映射到 F 中 γ_{root} 以外其他自动机的函数，即

dom（γ）= States（F）；

$\cup ran$（γ）= F-γ_{root}；

其中：dom（γ）表示 γ 的定义域；$\cup ran$（γ）的含义同（1）；States（F）表示 F 的状态集。

（3）F 中各自动机的状态集互不相交，即

（$\forall$ A，B）（（A $\in$ F $\wedge$ B $\in$ F $\wedge$ A $\neq$ B）$\rightarrow$（States（A）$\cap$ States（B）= ø））。

（4）F 中除 γ_{root} 以外的任何自动机都有一个唯一的父亲，即

$\forall$ A（A $\in$ F-γ_{root} $\rightarrow$（$\exists$ x（A $\in$ γ（x）$\wedge$ $\forall$ y（y $\neq$ x $\rightarrow$ A $\notin$ γ（y）））））。

其中，γ（x）表示偏函数 γ 将状态 x 映射为的子自动机集合。

（5）γ 中不包含环路，即任何状态都不能映射到其祖先自动机上，即

（$\forall$ A，B，x，y）（（A $\in$ F $\wedge$ x $\in$ States（A）$\wedge$ B $\in$ γ（x）$\wedge$ y $\in$ States（B）$\rightarrow \neg$ ancestor（A，y））。

其中，ancestor（A，y）表示 A 是 y 的祖先，即满足以下两个条件

之一。

（1） $y \in$ States （A）；

（2） $(\exists x_1, x_2, \cdots, x_n, A_1, A_2, \cdots, A_n, n \geq 1, 2 \leq j \leq n)$ $(x_1 \in$ States （A） $\wedge A_i \in \gamma$ （ x_i ）$(1 \leq i \leq n)$ $\wedge x_j \in$ States （ $A_j - 1$ ）$\wedge y \in$ States (A_n) ）。

定义 5.3 （层次自动机） 一个层次自动机 HA 可以表示为一个三元组 （F，E，γ）。其中：F 是一个自动机的有限集合；E 是一个事件集合，包含自动机中定义的所有事件的集合；γ 是定义 5.2 中定义的复合函数。

5.4 构件的层次自动机模型

本章参考金仙力[28]定义的构件模型，因为本章的方法不考虑时间维，所以用 HA 对构件进行描述。

下面给出构件的层次自动机模型。

定义 5.4 （构件的层次自动机模型） 构件 P 的层次自动机模型可以表示为一个五元组 $<ID_P, A_P^I, A_P^O, A_P^H, B_P>$。其中：

（1） ID_P 是构件 P 的标识。

（2） A_P^I、A_P^O、A_P^H 是互不相交的三个集合，分别表示构件 P 输入动作集合、输出动作集合和内部（隐藏）动作集合；输入动作用来表示被调用的方法或接收通信通道的消息，输出动作用来表示所调用的外界环境方法或其向通信通道发送的消息，内部动作是构件内部的信息交互，对外界不可见。

（3） B_P 是构件 P 行为语义描述，刻画构件的动态行为。从外界环境来看，它代表 HA 中的一个超级状态；从构件本身来看，它是一个层次自动机 HA （F，E，γ） $\cup A_P^I$，$A_P^O \cup A_P^H = E$。

若上层构件 P 的功能由下层构件 $P_1, P_2, \cdots, P_n$ 组装实现，则 P 对应的层次自动机 B_P 可视为将构件 $P_1, P_2, \cdots, P_n$ 对应的 HA 封装，于是有 γ （ B_P ）= （ $B_{P1}, B_{P2}, \cdots, B_{Pn}$ ）且 P 的可靠性 R_p 由构件 $P_1, P_2, \cdots,$ P_n 的可靠性决定。γ （x） 是 HA[21,22]中定义的一个复合函数。

5.5　构件选择及组装可靠性分析

在构件的 HA 模型基础上，本节将介绍如何度量构件重要度，如何进行软件可信等级化及如何将其用于构件选择和系统可靠性估计。

5.5.1　构件关系矩阵和重要度因子

本节将介绍如何根据构件的交互构造构件关系矩阵，并介绍如何以此来计算构件重要度因子。文中给出了详细的算法。

对为完成某一功能而组装在一起的构件而言，各构件之间有对外界不可见的动作交互，各构件之间的交互频度是不同的，与其他构件交互频度高的构件显然在这些构件中处于较重要的位置，对整个系统的可信性的影响也更大。在此，定义重要度因子 α 作为度量构件交互频度对系统影响的参数。

定义 5.5（重要度因子）　系统中某个构件与其他所有构件交互的频度占系统中所有构件相互交互频度总和的百分比即为这个构件的重要度因子。

为了形式化构件之间的交互关系，引入构件关系矩阵。

定义 5.6（构件关系矩阵，Relation Matrix）：

$$M = \begin{bmatrix} \delta_{i,j} \end{bmatrix} = \begin{bmatrix} \delta_{11} & \cdots & \delta_{1n} \\ \vdots & \ddots & \vdots \\ \delta_{n1} & \cdots & \delta_{nn} \end{bmatrix}$$

$$\delta_{i,j} = \begin{cases} n & \text{如果构件 } p_i \text{ 和 } p_j \text{ 之间有 } n \text{ 个信息交互} \\ 0 & \text{如果构 } p_i \text{ 和 } p_j \text{ 之间没有信息交互} \end{cases}$$

矩阵中的行与列表示构件。当 $i \neq j$ 时，若构件 P_i 向 P_j 发送 n 个消息，则 $M[i, j] = M[j, i] = n$，即表示两构件之间有信息交互。否则，$M[i, j] = 0$。

金仙力按构件间是否具有动作交互，将构件组装分成两大类：绑定（Binding）组装和连接（Connection）组装[28]。绑定组装时，各构件之间没有动作交互；连接组装时，各构件之间有动作交互，对外界不可见。因此，对构件重要度因子 α 的计算也分两种情况。如下为计算构件重要度因

子 α 的算法。

算法1：

Input：γ（B_P）对应构件的关系矩阵 $M_{n \times n}$

Output：γ（B_P）对应构件的重要度因子

{

  $S = 0$

  for $i = 1$ to n

    for $j = 1$ to n

    $s = s + \delta_{i,j}$

  if $s = 0$

    for $i = 1$ to n

    $\alpha_i = 1/n$

 Else

    for $i = 1$ to n

$$\alpha_i = \frac{\sum\limits_{j=1}^{n} \delta_{i,j}}{s}$$

}

用算法1可计算软件系统对应 HA 中除 γ_{root} 以外的所有状态对应模块的重要度因子。

5.5.2　用软件可信等级化度量方法选择服务构件

等级度量方法在可信计算的硬件层面已经有了相关标准及规范体系，但在作为可信计算的一个重要分支领域的软件层面，还没有相应的等级标准及规范体系，因此本节对软件可信等级化度量进行探索性的研究。

对构件的相关质量模型和可信研究现状分析，发现软件可信的核心是可靠性和可用性。软件的可靠性是在特定的工作环境中、在给定的时间范围内，软件正常运行的概率[31]。软件可靠性是业界公认的衡量系统可依赖性的关键属性，因为用它可以从数量上分析人们最不希望的软件失效性——可导致软件丧失部分或者全部功能，甚至导致整个系统瘫痪。系统的可用性（availability）是指正确的服务随时可用。而可验证的可信性是指用形式化理论或验证技术可以证明系统满足某些属性[173]，这可以用来指导开发较高安全等级的可信软件。

本节从可用性、可靠性、可验证的可信性三个方面分析，将构件划分为三个等级（图 5-2），从而对软件可信量化进行初步的探索性的研究。

综合考虑开发成本、开发周期及软件需求，根据重要度不同选择不同等级的构件来组装软件。

定义 5.7（构件质量 CQ）　构件质量 CQ 为三元组（U_P，R_P，T_P）。其中：

（1）U_P 表示构件是否可用，若构件可用，则 $U_P = 1$，否则为 0；

（2）R_P 是构件 P 的可靠性参数；

（3）T_P 表示构件 P 是否有可证明的可信性。可证明的可信性根据实际系统的需要，综合考虑软件开发成本和开发周期等因素，又可以分为完整性、保密性、安全性等。因此 T_P 是 n 元组（T_{P1}，T_{P2}，$\cdots$，T_{Pn}），n 为系统需要验证的属性数，n 元组的每个元素对应一个特定的属性。$T_{Pi} = 1$ 表示构件具有可证明的属性 i，否则说明构件不能保证属性 i。

可用性		
可用性	可靠性	
可用性	可靠性	可证明的可信性

图 5-2　构件等级模型

定义 5.8（重要度因子分级函数）　重要度因子分级函数为多对一函数 f：$\alpha \to r$，（$\alpha \in [\alpha_{min}, \alpha_{max})$，$\alpha_{min} \in \mathbf{R}$，$\alpha_{max} \in \mathbf{R}$，$r \in \mathbf{N}$）。

其中，[α_{min}，α_{max}）表示一个取值区间，$0 < \alpha_{min} < \alpha_{max} \leq 1$。不同的取值区间对应不同的 r 值，当重要度因子 $\alpha \in [\alpha_{min}, \alpha_{max})$ 时，f（α）的值就为对应的 r 值。根据重要度因子所属的取值范围，将重要度因子划分等级。这样根据需要的重要程度不同的构件被分为若干的类，即不同的等级。

定义 5.9（等级质量映射函数） 对需要的不同等级的构件模块，定义等级质量映射函数 $g: r \to CQ_{min}$（U_{min}，R_{min}，T_{min}）。$r \in \mathbf{N}$，表示重要度因子的等级。CQ_{min}（U_{min}，R_{min}，T_{min}）表示每个等级的构件模块需要满足的构件质量 CQ 的最小值，只有那些待选构件的质量 CQ 的各项参数大于或等于 CQ_{min} 中对应参数指出的最小值时，该构件才有可能被系统选择。

构件质量 CQ 给出了软件多维可信属性的多尺度量化指标，通过定义构件质量 CQ 和重要度因子分级函数及等级质量映射函数，可以实现根据构件重要度不同用软件可信等级化度量方法选择服务构件。

5.5.3 构件软件系统的可靠性

传统的可靠性增长模型是一种黑盒模型，不考虑软件内部结构，只考虑输入/输出数据。但是软件复用技术为系统可靠性评估带来了新思路：可以根据构件软件系统的结构和相互关系估计可靠性[177]。

为反映各重要度不同构件对上层构件 P 的可靠性影响不同，定义算法 2 来计算构件 P 的可靠性。构件重要度对系统可靠性影响的具体函数关系还需要继续深入研究，这也是本书的下一步工作。为简化起见，将构件重要度因子与系统可靠性按线性关系来考虑。

算法 2：

Input：γ（B_P）对应构件的可靠性，γ（B_P）对应构件的重要度因子

Output：构件 P 的可靠性 R_p

{

  $R_p = 0$

For all $P_i \in$ children（P）

  {

  $R_p = R_p + R_i * \alpha_i$；

}

Return R_p；

}

HA 中高层状态的转移必然同时伴随着底层状态的转移，反之则不成

立。在状态转移上，层次自动机也克服了类似于编程语言中 goto 语句允许任意转移的缺点，只允许同一自动机内部的状态转移，不允许不同自动机之间的状态转移。

在算法 2 的基础上，用算法 3 计算系统的可靠性。假设软件系统对应的 HA 层数为 h，γ_{root} 为第一层，构造一维指针数组 ptr，它有 $h-2$ 个元素（因为 HA 的最下两层的节点不是超级状态，他们并不参与计算），每个元素 ptr_i 指向一个链表，链表中存放的是系统对应 HA 第 i 层的所有状态。

因为 $\gamma(x)$ 是偏序函数，除 γ_{root} 以外的任何自动机都有一个唯一的父亲，并且任何状态都不能映射到其祖先自动机上，可以从下往上逐层递归求出 γ_{root} 的可靠性参数，即为整个软件系统的可靠性。

算法 3：

（1）选择 ptr 数组末元素所指向链表的首元素作为当前状态；

（2）用算法 2 计算当前状态的可靠性；

（3）如果链表中当前状态对应元素不是表尾，则将其下一个元素作为新的当前状态，转 b；

（4）如果当前状态所属的自动机为顶层自动机，则中止，输出 R；

（5）将当前状态的父状态所在链表的首元素作为新的当前状态，转 b。

5.6　实例分析

本节考虑一个简单的道口控制系统的例子，用于演示上述构件组装软件分析方法的使用，如图 5-3 所示。系统由三个主要成分组成，Train、Gate 和 Controller，它们之间通过以下事件通讯：approach、exit、raise、lower、up、down、go 和 stop。当火车收到外界命令信号 command 时，向控制器发出信号 approach 或者 exit。控制器接收到 approach 信号后向门发出 lower 信号。控制器收到信号 exit 后向门发出 raise 信号。门收到信号 raise 后，将门升起然后向控制器发出表示门当前状态的信号 up，收到信号 lower 后将门落下并向控制器发出表示门当前状态的信号 down。控制器收到信号 up 后向外界环境发送可以通行的信号 go，若收到信号 down，则发送禁行信号 stop。

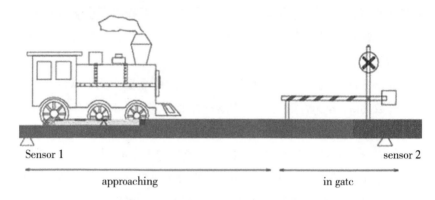

图 5-3 铁路交叉口控制门系统示意

  图 5-4 是实现系统的三个主要构件模块功能的形式模型实例。图中，将层次自动机封装在一个虚线框中，虚线框边缘表示行为动作。箭头代表构件模块与外界环境的动作交互方向。

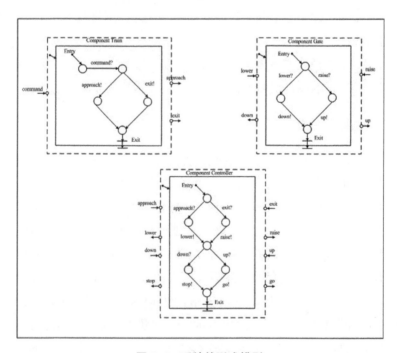

图 5-4 系统的形式模型

由图 5-4 可知，组成系统的三个构件模块之间有动作交互，所以它们满足连接组装。构造构件关系矩阵如下。

$$M = \begin{bmatrix} 0 & 0 & 2 \\ 0 & 0 & 2 \\ 2 & 2 & 0 \end{bmatrix}$$

由构件关系矩阵 M 和算法 1，得到构件模块 Train、Gate、Controller 的重要度因子分别为

$$\alpha_1 = 2/8 = 0.25, \quad \alpha_2 = 2/8 = 0.25, \quad \alpha_3 = 4/8 = 0.50$$

在本系统的设计中，对构件等级的划分及对各等级构件模块质量参数的要求由以下函数定义，并且需要关键构件的设计能保证无死锁。

$$f(\alpha) = \begin{cases} 1, & 0 < \alpha < 0.25 \\ 2, & 0.25 \leqslant \alpha < 0.5 \\ 3, & 0.5 \leqslant \alpha < 1 \end{cases} \qquad g(r) = \begin{cases} 1, & (1, 0.6, 0), & r = 1 \\ (1, 0.7, 0), & r = 2 \\ (1, 0.78, 1), & r = 3 \end{cases}$$

$r = 1$，2 时，$T_{\min} = 0$，表示一、二等级的构件不需要有可证明的可信属性；$r = 3$ 时，需要构件能保证无死锁。

在构件库中，实现 Train、Gate、Controller 的功能分别有三个待选构件，各构件的参数见表 5-1。

表 5-1　待选构件质量参数表

待选购件	T1	T2	T3	G1	G2	G3	C1	C2	C3
CQ	(1, 0.6, 0)	(1, 0.5, 0)	(1, 0.75, 0)	(1, 0.66, 0)	(1, 0.7, 0)	(1, 0.6, 0)	(1, 0.8, 0)	(1, 0.82, 1)	(1, 0.78, 0)

根据函数 $f(\alpha)$ 和 $f(r)$，分别选择 T3、G2、C2 实现 Train、Gate、Controller 的功能。

那么，系统的可靠性参数 $R = R_{\text{Train}} \times \alpha_1 + R_{\text{Gate}} \times \alpha_2 + R_{\text{Controller}} \times \alpha_3$

$$= 0.75 \times 0.25 + 0.7 \times 0.25 + 0.82 \times 0.50$$

$$= 0.7725$$

5.7　相关工作比较

在 CBSD 过程中，有效地识别、评估和选择合适的构件是软件系统成功设计和开发的重要因素。目前有许多关于构件选择的模型、评价方法及构件可靠性模型等问题的研究。

张晓梅和张为群提出了一种基于信任机制的构件选择模型，该模型用构件的可信性历史评价、朋友推荐和构件声誉来计算构件可信性[190]。Neil A. Maiden 和 Cornelius Ncube 运用构件的历史评价来计算构件的各项描述的可信性，从而选择构件[181]。本章则用构件客观的属性作为选择可信构件的依据。廖渊等通过分析服务构件的 QOS 特征定义其 QOS 模型，并以此为基础提出了三种构件选择算法[222]：基本算法、启发式算法和协商算法。但是这种方法主要针对 Liquid 操作系统并且关注延迟和视频输出帧率等 QOS 属性，没有考虑将构件的可信属性和等级化度量纳入构件选择。盛津芳采用局部评估和全局选择两级评估策略[164]，局部评估主要考虑构件对需求的适应度、风险水平和定制代价，构件对需求的适应度主要是功能性需求是否满足，符合局部评估要求的构件才能进入全局选择，对构件非功能属性的评估主要用模糊多级综合评价模型，而本章的方法则将功能属性和非功能属性参数和可验证性纳入统一的分级模型，并将构件交互频度对构件的影响引入构件选择工作。

国内外学者对构件软件的可靠性进行了许多研究。Cheung 模型[223] 把整个软件看成一个马尔科夫过程，根据状态图构造状态转移矩阵并据此估计系统可靠性，但实际系统的构件交互并不一定满足马尔科夫过程。Jung-Hua Lo[224] 等人提出的构件可靠性模型根据构件使用频率估算系统可靠性，本章的方法则基于构件重要度估计系统可靠性。Gokhale 等模型[209] 根据软件结构来计算软件的可靠度。Yacoub[225] 基于构件依赖图表示构件交互，提出基于场景的可靠性分析方法。但是他们都没有考虑体系结构动态行为变化对可靠性的影响。

与以往工作相比，本书提出的构件选择及系统可靠性分析方法具有以下几个特点：

（1）系统可层次地构造，较高层次的构件的行为可通过由较低层次的构件组成的自动机来定义，较高层次的构件可靠性参数可由较低层次的构件可靠性参数来计算。

（2）模型简单容易理解，能在一个统一的框架中表示构件的组装、行为和分析系统可靠性。

（3）引入构件关系矩阵（Realation Matrix）来计算构件模块重要度因子，使得构件的选择及系统可靠性的分析更客观。

（4）引入不同的可信属性作为质量参数及使用重要度因子分级函数和等级映射函数使得构件的选择更加有效，也为组装可信系统奠定了基础。

5.8　本章小结

构件的选择问题，除了接口中的参数个数、顺序和类型等方面的兼容性，还需要考虑许多约束条件，另外系统中，因各构件模块间的相互交互不同，各构件模块在系统中的重要程度是不同的，构件间的相互交互会对系统的可靠性产生怎样的影响是值得研究的。针对以上问题，提出一种利用软件体系结构信息和可信等级化度量来选择构件并估计系统可靠性的方法：首先，根据构件软件及基于构件软件开发的层次性特征，用层次自动机对构件及整个软件系统进行形式化描述；然后，用构件关系矩阵描述构件模块之间交互的频度，计算构件模块重要度因子；最后，定义质量参数 CQ，给出了软件多维可信属性的多尺度量化指标，根据重要程度不同，用重要度因子分级函数和等级质量映射函数来指导选择不同可信特性的构件组装系统并以此为基础对构件组装软件进行可靠性分析。

第6章　相关研究工作

基于构件的软件构件方法目前被广泛使用在软件开发中，用于减少软件开发的工程成本和加快软件开发进度，除了本书谈到的内容，当前还有其他的一些研究思路：构件软件的回归性测试；构件动态演化后的一致性问题；基于构件的网络化自动测试技术研究；基于构件的算法自动实现等。

数据挖掘方法在软件工程领域已得到了一些应用，主要是先把数据处理成可挖掘的形式，然后通过数据挖掘算法进行挖掘，最终得到频繁项集、序列模式和关联规则等潜在的信息用以指导软件工程活动。通过数据挖掘相关技术，可以得到有效的构件需求规约及构件接口方法执行序列等测试信息，处理和分析挖掘庞大而复杂的测试日志，从而得到构件状态及相关的安全测试信息。赵小磊提出了一种基于数据挖掘的第三方构件安全性测试模型，并基于此模型设计了一个测试框架，同时实现了一个第三方构件安全性测试原型系统[226]。刘福军等建立了基于构件的网络化自动测试系统软件开发模型，将整个软件开发过程划分为领域分析、领域设计和领域实现 3 个阶段[227]。运用 UML 建模语言从需求分析、静态分析和动态分析三个方面完成了对网络化自动测试系统的领域分析。以此为基础，在领域设计阶段辨识和抽取了领域内的可复用构件，并建立了基于构件的网络化自动测试系统软件结构框图。在领域实现阶段对测试系统中关键的可复用构件进行了实现。整个软件开发过程实现了软件更高层次的复用，具体体现在概念级需求阶段的可复用、逻辑级框架结构的可复用和物理级业务构件的可复用，从而保证了测试软件的可移植性和仪器的可互换性。目前的构件软件可靠性评估模型未考虑构件的重要性和复杂性对软件可靠性的影响，且没有客观的量化方法。

　　由于构件变化，基于其建立的系统也会受影响，因此需要进行回归测试。对于修改需求，不同的修改手段会引起不同的回归测试复杂性，目前一些研究工作主要集中在软件维护过程的复杂性度量和回归测试的成本模型分析，但缺乏从软件维护的角度来研究构件软件回归测试的复杂性度量问题。有效的回归测试复杂性度量，可以帮助测试管理者和软件质量保证人员管理维护和重测过程及策略制定。陶传奇等提供了一个系统化的度量框架，包括复杂性度量模型和形式化度量方法，用来解决软件的回归测试复杂性分析和度量问题[228]。唐佩佳等则提出了复杂性度量模型和重要度度量模型[229]。建立了以函数体为标量粒度的复杂性度量模型。兼顾了构件的复杂度和结构性；建立了优先级和指数模型结合的重要性度量模型，避免了人工赋值的主观干扰。在综合考虑构件占用率、重要度和复杂度的基础上，将构件内和构件间状态转移的过程描述为马尔可夫过程，根据软件可靠性定义，分别建立了构件级和软件系统级两级可靠性评估模型，实现了构件和软件系统的可靠性评估和预测。

　　构件动态演化会引起构件系统行为偏移，郑明等基于进程代数提出了一种构件模型来形式化地描述构件外部交互行为，通过构件系统外部行为提取算法提取构件系统行为[230]；同时基于进程代数中的弱互模拟理论提出了构件系统演化前后行为一致性的验证准则；在此基础上，将提取的构件系统动作序列以 Pi 演算自动验证工具 MWB 工具的格式载入并进行对比，以判断演化前后的构件系统是否满足一致性保持，作者提出的构件系统动态演化一致性验证方法不仅能验证演化前后构件系统的一致性，而且能检测出演化前后构件系统的不一致点。孙福振深入地研究了嵌入式软件构件交互协议建模的需求，对复杂嵌入式软件系统提出了以数据库为底层支撑的基于一阶逻辑和承诺理论的构件交互协议模型，并给出了与之对应的基于模型检查的数据流敏感的构件交互协议和带资源约束目标的构件交互协议的分析与验证方法[231]。面向对象范型的同步式请求应答消息机制将交互协议的实现嵌入构件的功能代码中，这样就导致系统结构复杂，灵活性不足。郭婷则将交互行为从构件主体分离，单独对构件行为给出形式描述[232]。结合构件的组成特征，给出构件的标识符、接口、功能和约束条件的四元组结构模型，用范畴论对构件及接口间交互行为进行形式建模，得出构件行为模型，运用范畴运算对构件组装进行研究，将体系结构和类型范畴概念映射，从而实现将软件体系结构模型映射为一个由构件模型、规约和行为规范等组成的五元组类型范畴，并结合实例进行分析研究。

鄢梦恬运用 PAR 方法中的 Apla 语言的泛型机制具体实现构件，并利用 PAR 平台中的自动转换系统对泛型构件进行实例化，组装生成具体的算法程序[233]。高可靠的上层装配系统和底层构件的组合，为程序开发过程中算法设计的高效率和强精确性提供了有力支持。为支持构件的自动化组装，作者设计了一个图形用户界面的构件组装原型系统，用户可以根据自己的需求选择构件进行组装生成所需的算法，文章可为算法设计的自动化实现提供一种新思路。

参考文献

［1］ Clements P C. From subroutines to subsystems: component-based software development ［C］//Brown AW, eds. Component-Based Software Engineering: Selected Papers from the Software Engineering Institute. Los Alamitos: IEEE Computer Society Press, 1996: 3-6.

［2］ Meyer B, Mingins C. Component-Based development: From buzz to spark ［J］. IEEE Computer, 1999, 32 (7): 35-37.

［3］ Z. Manna, A. Pnueli. Models for reactivity ［J］. Acta Informatica, 1993, 30 (7): 609-678.

［4］ Councill B, Flynt J S, Mehta A, et al.. Component-based software engineering and the issue of trust ［C］//Proceedings of the 22nd international conference on Software engineering. New York : ACM Press, 2000: 661-664.

［5］ Meyer B. The Significance of Components in Software Development ［EB/OL］. ［2010-04-07］. http: //www. sdmagazine. com/documents/s = 7207/sdm9911k/.

［6］ Microsoft Corporation. Microsoft COM Technologies-DCOM ［EB/OL］. ［2010 - 04 - 07］. https: //docs. microsoft. com/en - us/openspecs/windows _ protocols/ms-dcom/4a893f3d-bd29-48cd-9f43-d9777a4415b0.

［7］ Microsystems. Enterprise JavaBeans Technology ［EB/OL］. ［2010-04-07］. http: //java. sun. com/ products/ ejb/.

［8］ Chung L, Cesar J. On Nonfunctional Requirements in Software Engineering ［J］. Lecture Notes in Computer Science, 2009, 5600 (2009):

363-379.

[9] Cysneiros L M, Leite J C S P, Neto J M S. A Framework for Integrating Non-functional Requirements into Conceptual Models [J]. Requiremants Engineering, 2001, 6 (2): 97-115.

[10] Cysneiros L M, Leite J C S P. Nonfunctional Requirements: From Elicitation to Conceptual Models [J]. IEEE Transactions on Software Engineering, 2004, 30 (5): 328-350.

[11] Gross D, Yu E. From Non-Functional Requirements to Design Through Patterns [J]. Requirements Engineering, 2001, 6 (1): 18-36.

[12] Chao Pingyi, Chen Tsungte. Analysis of assembly through product configuration [J]. Computers in Industry, 2001, 44: 189-203.

[13] Bondavalli A, Mura I, Chiaradonna S, et al. DEEM: a tool for the dependability modeling and evaluation of multiple phased systems [C] //IEEE Committee. Proceedings of the International Conference on Dependable Systems and Networks. New York : IEEE, 2000: 231-236.

[14] Ries G, Kalbarczyk Z, Kraljevic T, et al. DEPEND: a simulation environment for system dependability modeling and evaluation [C] //IEEE Committee. Proceedings of IEEE International Conference on Computer Performance and Dependability Symposium. New York: IEEE, 1996: 54.

[15] Andrea B, Diego L, Mario D C, et al. High-level Integrated Design Environment for Dependability (HIDE) [C] //IEEE Committee. Fifth International Workshop on Object-Oriented Real-Time Dependables Systems. Monterey: IEEE, 1999: 87.

[16] Walter M, Trinitis C, Karl W. OpenSESAME: an intuitive dependability modeling environ - ment supporting inter - component dependencies [C] //IEEE Committee. Proceedings of 2001 Pacific Rim International Symposium on Dependable Computing. Seoul: IEEE, 2001: 76-83.

[17] Meyer B. The next Software Breakthrough [J] . IEEE Computer, 1997, 30 (7): 113-114.

［18］江建慧. 可信性指标体系 ［EB/OL］. ［2010-05-23］. http: //www. plinux. org/teach/jhj/dep/.

［19］Johan Bengtsson, Fredrik Larson, Wang Yi, et al. UPPAAL-a Tool for Automatic Verification of Real-time Systems ［C］//Alur R., Henzinger T. A., Sontag E. D.. Proceedings of the DIMACS/SYCON workshop on Verification and control of Hybrid systems Ⅲ. New York : Springer-Verlag, 1995: 232-243.

［20］Steffen Helke, Florian Kammuller. Representing Hierarchical Automata in Interactive Theorem Provers ［C］//Richard J Boulton, eds. Proceedings of the 14th International Conference on Theorem Proving in Higher Order Logics. London: Springer- Verlag, 2001: 233-248.

［21］杨涛, 肖田元, 张林鹍. 基于层次自动机的应用软件行为建模 ［J］. 系统仿真学报, 2005, 17 (4): 778-781.

［22］Mcllroy M D, et al. Mass produced software components ［C］//NATO Science Committee. Proceedings of the 1968 NATO Conference on Software Engineering. New York: Springer, 1969: 138-155.

［23］Cox B. J.. Object oriented programming: an evolutionary approach ［M］. Boston: Addison-Wesley Longman Publishing, 1986.

［24］Group O. M.. CORBA Components Model ［EB/OL］. ［2010-06-24］.

http: //www. uio. no/studier/emner/matnat/ifi/INF5040/h03/studentarbeider/studpresent/pre/grp6/CCM. pdf

［25］C. Szypersky. Component software beyond object - oriented programming ［M］. New York: Addison-Wesley Publishing, 1998.

［26］D. Souza and A. Wills. Objects, components and frameworks with UML- the catalysis approach ［M］. New York: Addison-Wesley Publishing, 1997.

［27］杨芙清. 构件技术引领软件开发新潮流 ［J］. 中国计算机用户, 2005, 2 (6): 42-43.

［28］金仙力. 实时服务构件的语义特征和行为组装形式化技术研究

[D]. 北京：北京邮电大学，2007.

[29] Z. Gu, K. Shin. Synthesis of real-time implementations from component-based software models [C] //IEEE Committee. Proceedings Of the 26th IEEE International Real-Time Systems Symposium. New York：IEEE, 2005：167-176.

[30] Algirdas A, Jean-Claude L, Brian R, et al. Basic concepts and taxonomy of dependable and secure computing [J]. IEEE Trans on Dependable and Secure Computing, 2004, 1 (1)：11-33.

[31] Michael R Lyu. Handbook of software reliability engineering [M]. Washington：IEEE Computer Society Press, 1996.

[32] Musa J D, Okumoto K. Software reliability：measurement prediction, and application [M]. New York：McGraw-Hill, 1987.

[33] Alcatel and FPX. MicoCCM [EB/OL]. [2010-07-10]. http：// www. fpx. de/MicoCCM/.

[34] Consortium. O.. OpenCCM [EB/OL]. [2010-07-10]. http：// openccm. objectweb. org/index. html.

[35] 国防科技大学. StarCCM [EB/OL]. [2010-07-10]. http：// starccm. sourceforge. net/.

[36] 杨芙清. 软件复用及相关技术 [J]. 计算机科学, 1999, 26 (5)：1-4.

[37] Meyer B. The grand challenge of trusted components [C] //IEEE Committee. Proceedings of the 25th International Conferenc on Software Engineering. Portland：IEEE, May 2003：660-667.

[38] Lindqvist U, Olovsson T, Jonsson E. An analysis of a secure system based on trusted components [C] //IEEE Committee. Proceedings of the Eleventh Annual Conference on Computer Assurance, Systems Integrity, Software Safety and Process Security. New York：IEEE, 1996：213-223.

[39] Howden W E, Huang Yudong. Software trustability [C] //IEEE Committee. Proceedings of the 5th International Symposium on Softwar Reliability

Engineering. Monterey：IEEE，1994：143-151.

［40］国家标准委员会．软件工程产品质量：第一部分质量模型．GB/T 16260.1-2003［S］．北京：中国标准出版社，2003.

［41］国家标准委员会．软件工程产品质量：第二部分外部度量．GB/T 16260.2-2003［S］．北京：中国标准出版社，2003.

［42］国家标准委员会．软件工程产品质量：第三部分内部度量．GB/T 16260.3-2003［S］．北京：中国标准出版社，2003.

［43］国家标准委员会．软件工程产品质量：第四部分使用质量度量．GB/T 16260.4-2003［S］．北京：中国标准出版社，2003.

［44］李晓丽，刘超，金茂忠，et al.《软件构件产品质量》标准介绍［J］．信息技术与标准化，2006（6）．

［45］Nicola G. Understanding，building and using ontologies：A commentary to "using explicit ontologies in KBS development" ［J］.International Journal of Human Computer Studies，1997，46（2-3）：293-310.

［46］Fluit C，Sabou M，Harmelen F. Ontology-based information visualization ［C］//Geroimenko V.，Chen C..Proceedings of Visualising the Semantic Web（VSW 2002）.London：Springer-Verlag，2002：546-554.

［47］REN Hong－Min，QIAN Le－Qiu. Research on Component Composition and lts Formal Reasoning ［J］.Journal of Software，2003，14（6）：1066-1074.

［48］张世琨，张文娟，常欣，等．基于软件体系结构的可复用构件制作和组装［J］.软件学报，2001，12（9）：1351-1359.

［49］W3C（the World Wide Web Consortium）.W3C Working Group Note ［EB/OL］.（2004-22-02）［2010-07-05］.http：//www.w3.org/TR/2004/NOTE-ws-arch-20040211/.

［50］Andrews T，Curbera F，Dholakia H，et al. Business Process Execution Language for Web Services -- Version 1.1 ［J］.ResearchGate，2003.

［51］Alexandre A.，Assaf A.，Sid A.，et al. Web Services Business Process Execution Language Version2.0 Committee Draft ［M/OL］.［2010-

07-07〕.http：//docs. oasis - open. org/wsbpel/2. 0/wsbpel - specification - draft. pdf.

〔52〕 李景霞，侯紫峰. Web 服务组合综述 〔J〕. 计算机应用研究，2005，12（1）：4-7.

〔53〕 Douglas K. B.. Business Process Modeling Language 〔EB/OL〕. (2005-06-29)〔2010-07-07〕. https：//www. service-architecture. com/articles/web-services/business_ process_ modeling_ language_ bpml. html.

〔54〕 W. M. P. vander, Aalst. Pattern Based Analysis of BPML and WSCI 〔EB/OL〕.〔2010-06-01〕. http：//xml. coverpages. Org/Aalst-BPML. Pdf.

〔55〕 Milanovic Nikola, Malek Miroslaw. Current solutions for Webservice composition 〔J〕. IEEE Internet Computing , 2004, 8（6）：51-59.

〔56〕 Antoniou G, Harmelen F V. Web Ontology Language：OWL 〔J〕. Springer, 2009.

〔57〕 Bechhofer S. OWL：Web Ontology Language 〔J〕. Encyclopedia of Information Science & Technology Second Edition, 2004, 63（45）：990-996.

〔58〕 J. M. Wing. A specifier' s introduction to formal methods 〔J〕. IEEE Computer, 1990, 23（9）：8-26.

〔59〕 Marc Frappier, Henri Habrias. Software Specification Methods：An overview using a case study 〔M〕. London：Springer-Verlag, 1999.

〔60〕 Johann M. Schumann. Automated theorem proving in software engineering 〔M〕. Berlin Heidelerg：Springer-Verlag, 2001.

〔61〕 Emil Sekerinski, Kaisa Sere. Program Development by Refinement：Case Studies Using the B Method 〔M〕. London：Springer- Verlag, 2001.

〔62〕 Manfred Broy, Oscar Slotosch. Enriching the Software Development Process by Formal Methods 〔J〕. Lecture Notes in Computer Science, 1999, 1641（1999）：44-61.

〔63〕 Nenad Medvidovic, Peyman Orcizy, Jason E. Robbins, et al. Using object-oriented typing to support architectural design in the C2 style 〔J〕. ACM SIGSOFT Software Engineering Notes, 1996, 21（6）：24-32.

［64］David Garlan, Robert Monroe, David Wile. Acme: an architecture description interchang language ［C］//J. Howard Johnson, eds. Proceedings of the 1997 conference of the Centre for Advanced Studies on Collaborative research （CASCON' 97）. Hoboken: IBM Press, 1997: 169−183.

［65］David Garlan, Robert Allen, John Ockerbloom. Exploiting style in architectural design environments ［C］//IEEE Committee. Proceeding of the 2nd ACM SIGSOFT Symposium on Foundations of Software Engineering. New York: ACM Press, 1994: 179−185.

［66］Jeff Magee, Jeff Kramer. Dynamic structure in software architectures ［J］. ACM SIGSOFT Software Engineering Notes, 1996, 21 （6）: 3−14.

［67］David C, Luckham, L M. Aufustin, et al. Specification and analysis of system architecture using Rapid ［J］. IEEE Transactions on Software Engineering, 1995, 21 （4）: 336−355.

［68］M. Shaw, R. Deline, D V. Klein, et al. Abstractions for software architecture and tools to support them ［J］. IEEE Transactions on Software Engineering−Special Issue on software Aichitecture , 1995, 21 （4）: 314−335.

［69］Robert Allen, David Garlan. A formal basis for architectural connection ［J］. ACM Transactions on Software Engineering and Methodology, 1997, 6 （3）: 213−249.

［70］M. Moriconi, X. Qian, R. A. Riemenschneider. Correct architecture refinement ［J］. IEEE Transactions on Software Engineering, 1995, 21 （4）: 356−372.

［71］Robin Milner. Communicating and mobile systems: the Pi−calculus ［M］. Cambridge: Cambridge University Press, 1999.

［72］Allen R J , Garlan D . A Formal Approach to Software Architectures ［C］//North−Holland Publishing Committee. Ifip World Computer Congress on Algorithms. North−Holland: North−Holland Publishing Co, 1997.

［73］C. A. R. Hoare. Communicating sequential Processes ［J］. Communications of the ACM − Special 25th Anniversary Issue, 1983, 26 （1）:

100-106.

[74] 冯铁，张家晨，陈伟，金淳兆．基于框架和角色模型的软件体系结构规约 [J]．软件学报，2000，11（8）：1078-1086.

[75] 骆华俊，唐稚松，郑建丹．可视化体系结构描述语言 XYZ/ADL [J]．软件学报，2000，11（8）：1024-1029.

[76] 朱雪阳，唐稚松．基于时序逻辑的软件体系结构描述语言 XYZ/ADL [J]．软件学报，2003，14（4）：713-720.

[77] 梅宏，陈锋，冯耀东，杨杰．ABC：基于体系结构、面向构件的软件开发方法 [J]．软件学报，2003，14（4）：721-732.

[78] 王晓光，冯耀东，梅宏．ABC/ADL：一种基于 XML 的软件体系结构描述语言 [J]．计算机研究与发展，2004，41（9）：1521-1531.

[79] M. J. C. Gordon, T. F. Melham. Introduction to HOL：A theorem proving environment for higher-order logic [M]．Cambridge：Cambridge University Press，1993.

[80] Owre S，Rushby JM，Shankar N，et al. PVS：an experience report [M] //D. Huter，W. Stephan，P. Traverso，and M. Ullman，eds. APPlied Formal Methods Trends 98. London：Springer- Verlag，1998：338-345.

[81] Zhang WH. Verification of XYZ/ SE Programs [J]．Chinese Journal of Advanced Software Research，1995，2（4）：364-373.

[82] Clarke EM，Emerson EA，Sistla AP. Automatic verification of finite state concurrent systems using temporal logic specifications：A Practical approach [C] //Valette R. . Proceedings of the 10th ACM SIGACT-SIGPLAN Symposium on principles of Programming Languages. Austin：Springer，1983：117-126.

[83] 林惠民，张文辉．模型检测：理论、方法与应用 [J]．电子学报，2002，30（12A）：1907-1912.

[84] 董威，王戟，齐治昌．并发和实时系统的模型检验技术 [J]．计算机研究与发展，2001，38（6）：698-705.

[85] Cindy Eisner，Doron Peled. Comparing symbolic and explicit model checking of a software system [C] //Bo? na? ki D.，Leue S. . Proceedings of

the 9th international SPIN Workshop on Model Checking of Software. London: Springer-Verlag, 2002: 230-239.

[86] Madanlal Musuvathi, Dawson R. Engler. Model checking large network protocol implementations [C] //Proceedings of the lst conference on Symposium on Networked Systems Design and Implementation. Berkeley: USENIX Association, 2004: 155-168.

[87] Courcoubetis C, Vardi M, VolPer P, et al. Memory-efficient algorithms for the verification of temporal Properties [J]. Formal Methods in System Design, 1992, 1 (2-3): 275-288.

[88] Holzmann GJ. Design and validation of computer protocols [M]. Englewood CliffS: Prentice-Hall, 1991.

[89] Holzmann G, Peled D. An improvement in formal verification [C] //Hogrefe D., Leue S.. Proceedings of FORTE 1994 Conference. Bern: Springer, 1994: 197-211.

[90] Shmuel Katz, Doron Peled. Verification of distributed programs using representative interleaving sequences [J]. Distributed Computing, 1992, 6: 107-120.

[91] Allen Emerson E, Prasad Sistla A. Symmetry and model checking [J]. Formal Methods in System Design, 1996, 9 (1-2): 105-131.

[92] Sistla AP, Gyuris V, Allen E. Smc: a symmetry - based model checker for verification of safety and liveness properties [J]. ACM Transactions on Software Engineering Methodology, 2000, 9 (2): 133-166.

[93] Edmund M. Clarke, Orna Grumberg, David E. Long. Model checking and abstraction [J]. ACM Transactions on Programming Languages and Systems, 1994, 16 (5): 1512-1542.

[94] Karsten Stahl, Kail Baukus, Yassine Lakhnech, et al. Divide, abstract, and model-check [J]. THEORETICAL AND PRACTICAL ASPECTS OF SPIN MODEL CHECKING, 1999: 57-76.

[95] Mcmillan K L . Symbolic model checking : An approach to the state

explosion problem ［J］. Thesis Carnegie Mellon University, 1992.

［96］Holzmann GJ. The model checker SPIN ［J］. IEEE Transactions on Software Engineering, 1997, 23 (5): 279-295.

［97］Holzmann G. The SPIN model checker: Primer and reference manual ［M］. Boston: Addison Wesley, 2004.

［98］Patrice Godefroid. Verisoft: A tool for the automatic analysis of concurrent reactive software ［C］//Grumberg O.. Proceedings of the 9th Conference on Computer Aided Verifieation (CAV). Berlin: Springer, 1997: 476-479.

［99］Patrice Godefroid. Software model checking: The verisoft approach ［J］. Formal Methods in System Design, 2005, 26 (2): 77-101.

［100］Henzinger T A, Jhala R, Majumdar R, et al. Lazy Abstraction ［C］//Proceedings of the 29th Annual Symposium on Principles of Programming Languages (POPL). London: ACM Press, 2002: 58-70.

［101］Mcginnis S, Madden T L. BLAST: at the core of a powerful and diverse set of sequence analysis tools ［J］. Nucleic Acids Research, 2004, 32: 20.

［102］Klaus Havelund, Thomas Pressburger. Model checking java programs using java pathfinder ［J］. International Journal on Software Tools for Technology Transfer (STTT), 2000, 2 (4): 366-381.

［103］C. Daws, A. Olivero, S. TriPakis, et al. The tool KRONOS ［M］. Glendale Hybrid Systems, 1996.

［104］S. Yovine. KRONOS: A verification tool for real-time systems ［J］. Springer-International Joumal of Software Tools for Technology Transfer, 1997, 1 (2): 123-133.

［105］R. Alur, T. A. Henzinger and P. Ho. Automatic symbolic verification of embedded systems ［J］. IEEE Transactions on Software Engineering, 1996, 22: 181-201.

［106］T. Henzinger, P. Ho, and H. Wong-Toi. HyTech: A model checker for hybrid systems [J]. Software Tools for Technology Transfer, 1997, 1: 110-122.

[107] R. Alur, R. P. Kurshan. Timing analysis in COSPAN [J] //Alur R., Henzinger T. A., Sontag E. D.. Hybrid Systems Ⅲ: Control and verification. London: Springer-Verlag, 1996: 220-231.

[108] R. Hardin, Z. Harei, and R. P. Kurshan. COSPAN [J] //Alur R., Henzinger T. A.. Proceedings of the Eighth International Conference on Computer Aided Verification. London: Springer-Verlag, 1996: 423-427.

[109] R. Alur, A. Itai, R. P. Kurshan, et al. Timing verification by successive approximation [J]. Information and Computation, 1995, 118 (1): 142-157.

[110] Szyperski C, Gruntz D, Murer S. Component–Software: Beyond Object-oriented Programming (Second Edition) [M]. New York: ACM Press, Addison-Wesley, 2002: 12-18.

[111] Alagar V, Mohammad M. A component model for trustworthy real-time reactive systems development [C] //ACM Committee. Formal Aspects of Component Software (FACS' 07). Sophia–Antipolis: ENTCS, Elsevier, 2007: 1-15.

[112] Moller A, Akerholm M, Fredriksson J, et al. Evaluation of component technologies with respect to industrial requirements [C] //IEEE Committee Proceedings of the 30th EUROMICRO Conference (EUROMICRO' 04). Los Alamitos: IEEE Computer Society, 2004: 56-63.

[113] Antonio Vallecillo, Juan Hemandez, and Jose M. Troya. New issues in object interoperability [C] //Goos G., Hartmanis J., van Leeuwen J., Malenfant J., Moisan S., Moreira A.. Proceedings Of the ECOOP 2000 Workshop on Object Interoperability. France: Springer, 2000: 256-269.

[114] W. Aalst, K. Hee, R. Toom. Component–Based software architectures: A framework based on inheritance of behavior [J]. Science of Computer Programming, 2002, 42 (2-3): 129-171.

[115] Marco Bemardo, Paolo Ciancarini, Lorenzo Donatiello. Architecting families of software systems with process algebras [J]. ACM Transactions on Software Engineering and Methodology (TOSEM), 2002, 11 (4): 386-426.

[116] P. Inverardi, A. L. Wolf. Formal specification and analysis of software architectures using the chemical abstract machine model [J]. IEEE Transactions on Software Engineering, 1995, 21 (4): 373-386.

[117] Alessandro Aldini, Marco Bernardo. On the usability of Process algebra: An architectural view [J]. Theoretical Computer Science, 2005, 335 (2-3): 281-329.

[118] Fei Xie, James C. Browne. Verified systems by composition from verified components [J]. ACM SIGSOFT Software Engineering Notes, 2003, 28 (5): 277-286.

[119] Jezek P, Kofron J, Plasil F. Model Checking of Component Behavior Specification: A Real Life Experience [J]. Electronic Notes in Theoretical Computer Science, 2006, 160: 197-210.

[120] Kofron J. Checking Software Component Behavior Using Behavior Protocols and Spin [C] //ACM Committee. Proceedings of the 2007 ACM Symposium on Applied Computing. New York: ACM Press, 2007: 1513-1517.

[121] 潘颖, 赵俊峰, 谢冰. 构件库技术的研究与发展 [J]. 计算机科学, 2003, 30 (5): 90-93.

[122] 谢冰, 杨芙清. 青鸟工程及其 Case 工具 [J]. 计算机工程, 2000, 26 (11): 76-78.

[123] Reed G M, Roscoe A W. A timed model for communicating sequential processes [J]. Theoretical Computer Science, 1988, 58 (13): 249-261.

[124] Rajeev Alur, David L. Dill. A theory of timed automata [J]. Theoretical Computer Science, 1994, 126 (2): 183-235.

[125] Henzinger T A, Manna Z, Pnueli A. Temporal proof methodologies for timed transition systems [J]. Information and Computation, 1994, 112 (2): 273-337.

［126］郭亮，唐稚松．基于 XYZ/E 描述和验证容错系统［J］．软件学报，2002，13（5）：913-920.

［127］ R. Alur. Timed Automata ［J］//Proceedings of the 11th International Conference on ComPuter-Aided Verification. Berlin：Springer-Verlag, 1999：8-22.

［128］ G. Behrmann, K. G. Larsen, J. Pearson, et al. Efficient timed reachability analysis using clock difference diagrams ［M］. Trento：Springer-Verlag, 1999：682.

［129］D. Dill. Timing assumptions and verification of finite-state concurrent systems ［J］//Sifakis J.. Automatic Verification Methods for Finite State Systems LNCS. Berlin：Springer-Verlag, 1989（407）：97-212.

［130］ Wang Yi, Paul Pettersson, and Mats Daniels. Automatic Verification of Real-Time Communicating Systems by Constraint-Solving ［C］//Hogrefe D., Leue S.. Proceedings of the 7th International conference on Formal Description Techniques. Boston：Springer, 1994：32-37.

［131］ Kim G. Larsen, Paul Pettersson, and Wang Yi. Composition and Symbolic Model Checking of Real-time Systems ［C］//IEEE Committee. Proceedings of the 16th IEEE Real-time Systems Symposiun. New York：IEEE, 1995：76-87.

［132］贾仰理，张振领，李舟军．构件行为协议实时性扩展及相容性验证［J］．计算机科学，2010，37（10）：143-147.

［133］Ammann P. E, Black P. E, Majurski W. Using model checking to generate tests from specifications ［C］//IEEE Committee. Proceedings of the 2nd IEEE International Conference on Formal Engineering Methods. Brisbane：IEEE, 1998：46-54.

［134］Gargantini A , H eitmeyer C. Using model checking to generate tests from requirements specifications ［C］//Nierstrasz O., Lemoine M.. Proceedings of the 7th European Engineering Conference Held Jointly with the 7th ACM'SIGSOFT International Symposium on Foundations of Software Engineering. Berlin：Springer，1999：146 – 162.

［135］梁陈良，聂长海，徐宝文等．一种基于模型检验的类测试用例生成方法［J］．东南大学学报，2007，37（5）：776-781.

［136］Hyoung Seok Hong，Insup Lee，Oleg Sokolsky，et al. A temporal logic based theory of test coverage and generation ［C］//Katoen JP.，Stevens P.. Proceedings of the International Conference on Tools and Algorithms for the Construction and Analysis of Systems. Berlin：Springer，2002：327 – 341.

［137］H. S. Hong，S. D. Cha，I. Lee，et al. Data flow testing as model cheeking ［C］// IEEE Committee. Proceedings of the 25th International Conference on Software Engineering. Washington：IEEE Computer Society，2003：232-242.

［138］Rachel Cardell-Oliver. Conformance Testing of Real-Time Systems with Timed Automata ［J］. Formal Aspects of Computing，2000，12（5）：350-371.

［139］Abdeslam En-Nouaary，Rachida Dssouli，Ferhat Khendek，et al. Timed Test Cases Generation Based on State Characterization Technique ［C］//IEEE Committee. Proceedings of the 19th IEEE Real-Time Systems Symposium（RTSS'98）. Madrid：IEEE，1998：220-229.

［140］J. Springintveld，F. Vaandrager，and P. R. D' Argenio. Testing Timed Automata ［J］. Theoretical Computer Science，2001，254（1–2）：225-257.

［141］陈小峰．可信平台模块的形式化分析和测试［J］．计算机学报，2009，32（4）：646-653.

［142］李书浩，王戟，齐治昌，等．一种面向性质的实时系统测试方法［J］．电子学报，2005，33（5）．

［143］马良荔．基于元数据的构件集成测试技术研究［D］．武汉：华中科技大学，2006.

［144］Francesca Basanieri，Antonia Bertolino. The Cow_ Suite approach to planning and deriving test suites in UML projects ［C］//Jézéquel JM.，Hussmann H. , Cook S. . Proceedings of the International Conference on the Unified Modeling Language. Dresden: Springer, 2002: 383-397.

[145] Robert M. Hierons. Testing from a Z specification [J]. Software Testing, Verification and Reliablity, 1997, 7 (1): 19-33.

[146] Jan Tretmans. Conformance Testing with Labeled Transition Systems: Implementation relations and test generation [J]. Computer Networks and ISDN Systems, 1996, 29 (1): 49-79.

[147] Michael A. Friedman, Jeffrey M. Voas. Software Assessment: reliability, safety, testability [M]. New York: John Wiley&sons, 1995: 21-34.

[148] J. L. Dalley. The Art of Software Testing [C] //IEEE Committee. Proceedings of the IEEE 1991 National Conference on Aerospace and Electronics. Dayton: IEEE, 1991: 757-760.

[149] C. Ghezzi. D. Mandrioli, A. Morzenti. TRIO: A logic language for executable specifications of real-time systems [J]. Journal of Systems and Software, 1990, 12 (2): 107-123.

[150] V Braberman, M Felder, M Marre. Testing Timing Behavior of Real-Time Software [A] Int' l Software Quality Week. 1997.

[151] S Morasca, MPezzè. Using High-Level Petri Nets for Testing Concurrent and Real-Time Systems [A] //Real-Time Systems: Theory and Applications. Elsevier Science Publishers, 1990: 119-132.

[152] A En-Nouaary, R Dssouli, F Khendek. Timed Wp-Method: Testing Real Time Systems [J]. IEEE Trans on Software Engineering, 2002, 28 (11): 1023-1038.

[153] E Petitjean, H Fochal. A Realistic Architecture for Timed Testing [A] //IEEE Committee. Proceedings of the 5th IEEE International Conference on Engineering of Complex Computer Systems (ICECCS ' 99) . Las Vegas: IEEE, 1999: 109-118.

[154] T Higashino, A Nakata, K Taniguchi, et al . Generating Test Cases for a Timed I/O Automata Model [A] //Csopaki G. , Dibuz S. , Tarnay

K. . Proceedings of the 12th International Workshop on Testing Communicating Systems (IWTCS' 99) . Boston: Springer, 1999: 197-214.

[155] P Bellini, R Mattolini, P Nesi. Temporal Logics for Real-time System Specification [J]. ACM Computing Surveys, 2000, 32 (1): 12-43.

[156] Angelo Gargantini, Elvinia Riccobene, Salvatore Rinzivillo. Using Spin to Generate Tests from ASM Specifications [A] //B? rger E. , Gargantini A. , Riccobene E. . Proceedings of the 2003 International Conference on Abstract State Machines. Berlin: Springer, 2003: 263-277.

[157] R. J. Adam, J. ChliPala, Thomas A. Henzinger, R. Majumdar. Generating tests from counter examples [A] //IEEE Committee. Proceedings of the 26th International Conference on Software Engineering (ICSE' 04) . Washington: IEEE Computer Society, 2004: 326-335.

[158] Hong H S, Lee I, Sokolsky O, et al. A Temporal Logic Based Theory of Test Coverage and Generation [J]. Lecture Notes in Computer Science, 2002: 327-341.

[159] J. Callahan, F. Schneider, and S. Easterbrook. Specification-based testing using model checking [A] //Rutgers University. Proceedings of SPIN Workshop. Rutgers: Rutgers University, 1996: 22.

[160] A. Engels, L. M. G. Feijs, and S. Mauw. Test generation for intelligent networks using model checking [J] //E. Brinksma, eds. Proceedings of TACAS' 97. Springer, 1997: 384-398.

[161] Hwan Wook Sohn; Kung D. C; Pei Hsia. CORBA components testing with perception-based state behavior [C] //IEEE Committee. Proceedings of the Twenty-Third Annual International Conference on Computer Software and Applications (COMPSAC' 99) . Phoenix: IEEE Computer Society Press, 1999: 116-121.

[162] Liu W, Dasiewicz P. Component interaction testing using model-checking [C] //IEEE Committee. Proceedings of Canadian Conference on Electrical and Computer Engineering. Toronto: IEEE Computer Society Press, 2001:

41－46.

［163］ Ye Wu, Dai Pan, Mei - Hwa Chen. Techniques for testing component-based software ［C］//IEEE Committee. Proceedings of the Seventh IEEE International Conference on Engineering of Complex Computer Systems （ICECCS' 01）. Skovde：IEEE Computer Society Press，2001：222-232.

［164］盛津芳. 商业构件评估方法及关键技术研究 ［D］. 长沙：中南大学，2007.

［165］Brownsword L，Sledge C A，Oberndorf T. An activity framework for COTS-based systems ［R］. Software Engineering Institute，Carnegie Mellon University，2000.

［166］石军霞. ERP 软件供应商选择风险研究 ［D］. 西安：西安理工大学，2007.

［167］王荣培. 面向构件的供应商管理模型研究与实现 ［D］. 南京：南京航空航天大学，2004.

［168］Brereton P. The software customer/supplier relationship ［J］. Communications of the ACM，2004，47 （2）：77-81.

［169］Michael Geisterfer C J，Ghosh S. Software component specification：A study in perspective of component selection and reuse ［C］//IEEE Committee. Proceedings of the 5th International Conference on COTS - Based Software Systems （ICCBSS' 06）. Washington：IEEE，2006：100-108.

［170］ Kunda D，Brooks L. Identifying and classifying processes （traditional and soft factors） that support COTS component selection：a case study ［J］. European Journal of lnformation Systems，2000，9 （4）：226-234.

［171］Fahmi S A，Ho-Jin C. A study on software component selection methods ［C］//IEEE Committee. Proceedings of the 1th International Conference on Advanced Communication Technology. Phoenix：IEEE，2009：288-292.

［172］ Haghpanah N，et al. Approximation algorithms for software component selection problem ［C］//IEEE Committee. Proceedings of the 14th

Asia-Pacific Software Engineering Conference. Aichi: IEEE. 2007: 159-166.

［173］刘克，单志广，王戟，何积丰，张兆田，秦玉文．"可信软件基础研究"重大研究计划综述［J］．中国科学基金，2008，3：145-151.

［174］Laprie J C. Dependability – Its attributes, impairments and means［M］//Randell B, Laprie J C, Kopetz H, and Littlewood B, eds. Predictably Dependable Computing Systems. Washington: Springer, 1998.

［175］Laprie J C. Dependability of computer system: from concept to limits［A］//IEEE Committee. Proceedings of the Sixth International Symposium on Software Reliability Engineering. Washington: IEEE, 1995: 2-11.

［176］陈火旺，王戟，董威．高可信软件工程技术［J］．电子学报，2003，31（12A），1933-1938.

［177］詹涛，周兴社，符宁，等．软件能力可信研究综述［J］．小型微型计算机系统，2008，29（5）：785-792.

［178］Andesron T, Laprie J C, Kopetz H. Dependability: Basic concepts and terminology［M］. New York: Springer-Verlag, 1992.

［179］Luckham D, Vera J, Meldal S. Three concepts of system architecture［J］. Technical Report, CSL – TR – 95 – 674, Stanford University, 1995.

［180］Zhang S K, Zhang W J, Chang X, et al. Building and assembling reusable components based on software architecture［J］. Journal of Software, 2001, 12（9）: 1351-1359.

［181］Neil A. Maiden, Cornelius Ncube. Acquiring COTS software selection requirements［J］. IEEE Software, 1998, 15（2）: 46-56.

［182］Ruhe G. Intelligent support for selection of COTS products［J］. Lecture Notes in Computer Science, 2003, 25（3）: 34-45.

［183］Briand L C. COTS evaluation and selection［A］//IEEE Committee Proceedings of the International Conference on Software Maintenance. Washington: IEEE, 1998: 222-223.

［184］Vantakavikran P, Prompoon N. Constructing a process model for decision analysis and resolution on COTS selection issue of capability maturity model integration ［A］//IEEE Committee. Proceedings of the 6th IEEE/ ACIS International Conference on Computer and Information Science. Melbourne: IEEE, 2007: 182-187.

［185］Hsuan-Shih L, Pei-Di S, Wen-Li C. A fuzzy multiple criteria decision making model for software selection ［A］//Proceedings of the IEEE International Conference on Fuzzy Systems. 2004: 1709-1713.

［186］Sung W J, Kim J H, Rhew S Y. A quality model for open source software selection ［A］//IEEE Committee. Proceedings of the Sixth International Conference on Advanced Language Processing and Web Information Technology (ALPIT 2007). Washington: IEEE, 2007: 515-519.

［187］Donzelli P, et al. Evaluating COTS component dependability in context ［J］. IEEE Software, 2005, 22 (4): 46-53.

［188］Ncube C, Maiden N A M. Guiding parallel requirements acquisition and COTS software selection ［C］//IEEE Committee. Proceedings of IEEE International Symposium on Requirements Engineering. Limerick: IEEE, 1999: 133-140.

［189］牟立峰. 基于构件的软件开发中的构件供应商任务指派及构件选择方法 ［D］. 沈阳: 东北大学, 2009.

［190］张晓梅, 张为群. 一种基于信任机制的网构软件的构件选择方法研究 ［J］. 计算机科学, 2010, 37 (2): 161-164.

［191］Mohamed A, Ruhe G, Eberlein A. COTS selection: Past, Present, and future ［C］//IEEE Committee. Proceedings of the 14th Annual IEEE International Conference and Workshops on the Engineering of Computer-Based Systems (ECBS' 07). Tucson: IEEE, 2007: 103-114.

［192］Navarrete F, Botella P, Franch X. How agile COTS selection methods are (and can be)? ［C］//IEEE Committee. Proceedings of the 31st EUROMICRO Conference on Software Engineering and Advanced Applications. Washington: IEEE, 2005: 160-167.

［193］Kohl R J. Requirements engineering changes for COTS-intensive systems ［J］. IEEE Software, 2005, 22（4）: 63-64.

［194］Ayag Z, Ozdemir R G. An intelligent approach to ERP software selection through fuzzy ANP ［J］. International Journal of Production Research, 2007, 45（10）: 2169-2194.

［195］Cechich A, Piattini M. Early detection of COTS component functional suitability ［J］, Information and SoftwareTechnology, 2007, 49（2）: 108-121.

［196］Leung K, Leung H K N. On the efficiency of domain-based COTS Product selection method ［J］. Information and Software Technology, 2002, 44（12）: 703-715.

［197］Jyrki Kontio. A case study in applying a systematic method for COTS selection ［C］//IEEE Committee. Proceedings of the 18th International Conference on Software Engineering（ICSE' 96）. Washing: IEEE Computer Society, 1996: 201-209.

［198］李军. 软构件工程学习环境开发及应用 ［D］. 大连: 大连理工大学, 2001.

［199］W. M Watkins, H W Lin, K Mcclelland, et al. COTS software selection process ［R］. Sandia National Laboratories, US, 2006.

［200］Bin W, Jinfang S. Extending FCD process to support COTS selection ［A］//IEEE Committee. Proceedings of the 2008 International Conference on Computer Science and Software Engineering. Washington: IEEE, 2008: 139-142.

［201］Wanyama T, Far B H. Towards providing decision support for COTS selection ［A］//IEEE Committee. Proceedings of the Conference on Electrical and Computer Engineering. Washington: IEEE, 2005: 908-911.

［202］Navarrete F, Botella P, Franch X. Reconciling agility and discipline in COTS selection Processes ［A］//IEEE Committee. Proceedings of the Sixth International IEEE Conference on Commercial – off – the – Shelf

（COTS） - Based Software Systems （ICCBSS ' 07）. Washington：IEEE，2007：103-113.

［203］李敏，胡金柱，费丽娟，等．基于粗糙—模糊集理论的智能化构件选取［J］．计算机工程，2004，30（18）：135-137.

［204］Andreou A S, Tziakouris M. A quality framework for developing and evaluating original software components［J］. Information and Software Technology，2007，49（2）：122-141.

［205］Keil M, Tiwana A. Beyond cost：The drivers of COTS application value［J］. IEEE Software，2005，22（3）：64-69.

［206］Carvallo J P, Franch X, Quer C. Determining criteria for selecting software components：Lessons learned［J］. IEEE Software，2007，24（3）：84-94.

［207］Inoue K, Yokomori R, Yamamoto T, et aI. Ranking significance of software components based on use relations［J］. IEEE Transactions on Software Engineering，2005，31（3）：213-225.

［208］Laprie J C. Dependability evaluation of software systems in operation［J］. IEEE Trans on Software Engineering，1984，10（6）：701-714.

［209］Gokhale S. An analytical approach to architecture-based software reliability prediction［C］//IEEE Committee. Proceedings of the Third International Computer Performance and Dependability Symposium. Washington：IEEE，1998：13-22.

［210］Sherif M. Scenario - based reliability analysis of component - based software［C］//IEEE Committee. Proceedings of the 10th International Symposium on Software Reliability. Washington：IEEE，1999.

［211］Wells L, Christensen S, Kristensen L M, et al. Simulation-based performance analysis of web servers［A］//IEEE Committee. Proceedings of the 9th International Workshop on Petri Nets and Performance Models［C］. Piscataway：IEEE Computer Society，2001：59-68.

［212］毛晓光，邓勇进．基于构件软件的可靠性通用模型［J］．软件

学报，2004，15（1）：27-32.

[213] 徐如志，等. 基于 XML 的软件构件查询匹配算法研究 [J]. 软件学报，2003，14（07）：1195-1202.

[214] Mariani L, Pezze M. Dynamic detection of COTS component incompatibility [J]. IEEE Software, 2007, 24（5）：76-85.

[215] Yang Y, Jesal B, Boehm B, et al. Value-based Processes for COTS-based applications [J]. IEEE Software, 2005, 22（4）：54-62.

[216] Baegh J. Certifying software component attributes [J]. IEEE Software, 2006, 23（3）：74-81.

[217] 刘晓明，等. 基于模型的构件系统性能预测综述 [J]. 系统仿真学报，2007，19（13）：2924-2931.

[218] Seker R, Tanik M A. An information-theoretical framework for modeling component-based systems [J]. IEEE Transactions on Systems Man and Cybernetics Part C-Applications and Reviews, 2004, 34（4）：475-484.

[219] Parsons T, et al. Extracting Interactions in Component-Based Systems [J]. IEEE Transactions on Software Engineering, 2008, 34（6）：783-799.

[220] Tom W, Behrouz H F. Repositories for Cots Selection [A] //IEEE Committee. Proceedings of the Canada Conference on Electrical and Computer Engineering（CCECE' 06）. Washinton：IEEE, 2006：2416-2419.

[221] Hlupic V, Mann A S. SimSelect：A system for simulation software selection [A] //IEEE Committee. Proceedings of the Simulation Conference. Washington：IEEE, 1995：720-727.

[222] 廖渊，唐磊，李明树. 一种基于 QOS 的服务构件组合方法 [J]. 计算机学报，2005，28（4）：627-634.

[223] Cheung, R. C. A User-Oriented Software Reliability Model [J]. IEEE Transactions on Software Engineering, 1980, 6（2）：115-125.

[224] Jung-Hua Lo, Sy-Yen Kuo, Lyu M. R, Chin-Yu Huang. Optimal Resource Allocation and Reliability Analysis for Component-based Software Ap-

plication〔J〕. In the Proceedings of the 26th Annual International Conference on Computer Software and Application, 2002, 12（10）：7-12.

〔225〕Sherif Yacoub. A Scenario-Based Reliability Analysis Approach for Component-Based Software〔J〕. IEEE Transctions on Reliability, 2004, 53（4）：465-480.

〔226〕赵小磊. 基于数据挖掘的第三方构件安全行测试模型及其框架研究〔D〕. 江苏：江苏大学, 2016.

〔227〕刘福军, 汤宫民, 孙香冰, 等. 基于构件的开放式网络化自动测试技术研究〔J〕. 计算机测量与控制, 2016, 24（8）：12-15.

〔228〕陶传奇, 李必信, Jerry GAO, 等. 构件软件的回归测试复杂性度量〔J〕. 软件学报, 2015, 26（12）：3043-3061.

〔229〕唐佩佳, 谢永杰, 吴安波, 等. 基于马尔可夫链的构件软件可靠性评估模型〔J〕. 计算机应用. 2016, 36（S2）：262-265, 275.

〔230〕郑明, 李彤, 林英, 等, 明利. 构件系统建模及其动态演化一致性验证方法〔J〕. 计算机科学, 2017, 44（11）：80-86.

〔231〕孙福振. 基于模型检查的嵌入式软件构件化分析与验证〔D〕. 北京：北京理工大学, 2015.

〔232〕郭婷. 面向构建的系统建模技术研究〔D〕. 浙江：浙江师范大学, 2014.

〔233〕鄢梦恬. 基于构件组装的若干图算法开发与生成研究〔D〕. 江西：江西师范大学, 2016.